ERRATA.

PAge 12, à la note, il y a j'avois déja annoncé cette différence de ma, &c. lisez, dans ma, &c.

page 22, ligne 8, il y a donnent 6. 5. 6, lisez, donnent 6. 5. 4.

page 46, ligne 9, il y a toute son Octave, lisez, toute l'étendue de son Octave.

LEÇONS
ELEMENTAIRES
D'OPTIQUE.

Par l'abbé de la Caille.

A PARIS,

Chez les Freres GUERIN, rue Saint Jacques, vis-à-vis la rue des Mathurins, à Saint Thomas d'Aquin.

M. DCC. L.

Avec Approbation & Privilége du Roi.

TABLE DES TITRES

Contenus dans ces Elemens.

Fin de la Table.

Extrait des Registres de l'Académie Royale des Sciences.

Du 21. Janvier 1750.

MEssieurs Bouguer & Cassini de Thury ayant été nommés pour examiner des *Leçons Elementaires d'Optique*, que M. l'Abbé de la Caille se propose d'expliquer au Collége Mazarin ; & en ayant fait leur rapport, l'Académie a jugé cet Ouvrage digne de l'impression : en foi de quoi j'ai signé le présent Certificat. A Paris ce 21. Janvier 1750.

GRANDJEAN DE FOUCHI, *Secr. perp. de l'Acad. Royale des Sciences.*

PRIVILEGE DU ROI.

LOUIS, par la grace de Dieu, Roi de France & de Navarre : A nos amés & féaux Conseillers, les Gens tenans nos Cours de Parlement, Maîtres des Requêtes ordinaires de notre Hôtel, grand Conseil, Prevôt de Paris, Baillifs, Sénéchaux, leurs Lieutenans Civils, & autres nos Justiciers qu'il appartiendra, SALUT. Notre ACADEMIE ROYALE DES SCIENCES Nous a très-humblement fait exposer, que depuis qu'il Nous a plû lui donner par un Réglement nouveau, de nouvelles marques de notre affection, Elle s'est appliquée avec plus de soin à cultiver les Sciences, qui font l'objet de ses exercices ; ensorte qu'outre les Ouvrages qu'elle a déja donnés au Public, Elle seroit en état d'en produire encore d'autres, s'il Nous plaisoit lui accorder de nouvelles Lettres de Privilége, attendu que celles que Nous lui avons accordées en date du six Avril 1693. n'ayant point eû de tems limité, ont été déclarées nulles par un Arrêt de notre Conseil d'Etat du 13. Août 1704. celles de 1713. & celles de 1717. étant aussi expirées ; & désirant donner à notredite Académie en corps, & en particulier à chacun de ceux qui la composent, toutes les facilités & les moyens qui peuvent contribuer à rendre leurs travaux utiles au Public, Nous avons permis & permettons par ces présentes à notredite Académie, de faire vendre ou débiter dans tous les lieux de notre obéissance, par tel Imprimeur ou Libraire qu'elle voudra choisir, *Toutes les Recherches ou Observations journalieres, ou Relations annuelles de tout ce qui aura été fait dans les assemblées de notredite Académie Royale des Sciences; comme aussi les Ouvrages, Mémoires, ou Traités de chacun des Particuliers qui la composent, & généralement tout ce que ladite Académie voudra faire paroître, après avoir fait examiner lesdits Ouvrages, & jugé qu'ils sont dignes de l'impression*; & ce pendant le tems & espace de quinze années consécutives, à compter du jour de la date desdites Présentes. Faisons défenses à toutes sortes de personnes de quelque qualité & condition qu'elles soient, d'en introduire d'impression étrangére dans aucun lieu de notre obéissance : comme aussi à tous Imprimeurs, Libraires, & autres, d'imprimer, faire imprimer, vendre, faire vendre, débiter ni contrefaire aucun desdits Ouvrages ci-dessus spécifiés, en tout ni en partie, ni d'en faire aucuns extraits, sous quelque prétexte que ce soit, d'augmentation, correction, changement de titre, feuilles même séparées, ou autrement, sans la permission expresse & par écrit de notredite Académie, ou de ceux qui auront droit d'Elle, & ses ayans cause, à peine de confiscation des Exemplaires contrefaits, de dix mille livres d'amende contre chacun des Contrevenans, dont un tiers à Nous, un tiers à l'Hôtel-Dieu de Paris, l'autre tiers au Dénonciateur, & de tous dépens, dommages & intérêts : à la charge que ces Présentes seront enregistrées tout au long sur le Registre de la Communauté des Imprimeurs & Libraires de Paris, dans trois mois de la date d'icelles; que l'impression desdits Ouvrages sera faite dans notre Royaume & non ailleurs, & que notredite Académie se conformera en tout aux Réglemens de la Librairie, & notamment à celui du 10 Avril 1725. & qu'avant que de les exposer en vente, les Manuscrits ou Imprimés qui auront servi de copie à l'impression desdits Ouvrages, seront remis dans le même état, avec les Approbations & Certificats qui en auront été donnés, ès mains de notre très-cher & féal Chevalier Garde des Sceaux de France, le sieur Chauvelin : & qu'il en sera ensuite remis deux Exemplaires de chacun dans notre Bibliothéque publique, un dans celle de notre Château du Louvre, & un dans celle de notre très-cher & féal Chevalier Garde des Sceaux de France, le sieur Chauvelin, le tout à peine de nullité des Présentes : du contenu desquelles vous mandons & enjoignons de faire jouir notredite Académie, ou ceux qui auront droit d'Elle & ses ayans cause, pleinement & paisiblement, sans souffrir qu'il leur soit fait aucun trouble ou empêchement : Voulons que la Copie desdites Présentes qui sera imprimée tout au long au commencement ou à la fin desdits Ouvrages, soit tenue pour duement signifiée, & qu'aux Copies collationnées par l'un de nos amés & féaux Conseillers & Secrétaires, foi soit ajoûtée comme à l'Original : Commandons au premier notre Huissier, ou Sergent de faire pour l'exécution d'icelles tous actes requis & nécessaires, sans demander autre permission, & nonobstant clameur de Haro, Charte Normande, & Lettres à ce contraires : Car tel est notre plaisir. Donné à Fontainebleau le douziéme jour du mois de Novembre, l'an de grace mil sept cent trente-quatre, & de notre Regne le vingtiéme. Par le Roi en son Conseil,

Signé, SAINSON.

Registré sur le Registre VIII de la Chambre Royale & Syndicale des Libraires & Imprimeurs de Paris. Num. 792. fol. 775. conformément aux Réglemens de 1723. qui font défenses art. IV. à toutes personnes de quelque qualité & condition qu'elles soient, autres que les Libraires & Imprimeurs, de vendre, débiter & faire distribuer aucuns Livres pour les vendre en leurs noms, soit qu'ils s'en disent les Auteurs ou autrement; à la charge de fournir les Exemplaires prescrits par l'art. CVIII. du même Réglement. A Paris le 15. Novembre 1734. G. MARTIN, Syndic.

LEÇONS

LEÇONS ELEMENTAIRES D'OPTIQUE.

1. L'OPTIQUE est une science Physico-mathématique, qui traite de la Lumiere & de la Vision.

2. La lumiére peut venir de l'objet à l'œil en trois maniéres. 1°. ou directement, & sans aucun détour, 2° ou après s'être brisée ou refractée, 3° ou après s'être reflechie. On appelle *Optique proprement dite*, la partie qui traite de la Vision faite par une lumiére venue directement. On appelle *Dioptrique*, la partie qui traite de la Vision faite par une lumiére refractée ou brisée, & *Catoptrique*, la partie qui traite de la Vision faite par une lumiére réflechie.

3. *La Perspective* est encore une science optique. C'est l'art de représenter sur une surface donnée les objets tels qu'ils paroissent, étant vûs d'un point donné.

4. On appelle *milieu*, un espace que la lumiere doit traverser. Cet espace peut être ou absolument vuide, ou rempli d'une matiere de telle nature, qu'elle n'apporte aucun obstacle au mouvement de la lumiére ; & alors on l'appelle un *milieu libre* ; ou bien il peut être rempli de quelque matiére au

travers de laquelle la lumiére puiſſe paſſer avec plus ou moins de facilité, & alors on l'appelle un *milieu diaphane*. Si cette matiére eſt par-tout la même, on l'appelle *milieu homogêne*; ſi cette matiére eſt compoſée de parties de différente nature on l'appelle *milieu hétérogêne*.

Un milieu diaphane eſt plus ou moins *denſe*, ſelon qu'il contient, ſous un même volume, plus ou moins de matiére capable d'arrêter ou de détourner la lumiére.

PREMIERE PARTIE.

De l'Optique proprement dite.

ARTICLE PREMIER.

Des Principes ſur leſquels les demonſtrations de l'Optique ſont fondées.

5. LEs Principes qui ſervent de fondement à l'Optique, ne ſe tirent que de l'expérience. Ce ſont des faits dont tous les Phyſiciens conviennent. On peut les déduire tous en examinant les circonſtances de l'Expérience ſuivante.

Fermez une chambre de tous côtés, de ſorte que la lumiére n'y puiſſe entrer par aucune ouverture, ſi ce n'eſt par un très-petit trou. Alors, ſi le tems eſt ſerein, vous verrez ſur les murs de la chambre (que je ſuppoſe polis & blanchis) tous les objets de dehors expoſés à ce trou, peints avec toutes leurs couleurs (quoique foibles). Les peintures des objets fixes, comme des arbres, des maiſons, paroîtront fixes. Celles des objets en mouvement, comme des hommes, des chevaux, paroîtront en mouvement. Il eſt vrai que tout paroîtra dans une ſituation renverſée, ce qui vient de ce que les rayons de lumiére ſe croiſent en paſſant par le petit trou, comme on l'expliquera plus au long dans la Dioptrique & la Catoptrique. Si le Soleil donne sur le trou, on verra un rayon lumineux qui ira en ligne droite se terminer sur la muraille, ou sur le plancher. Si on met l'œil sur ce rayon, on verra que l'œil, le trou & le soleil sont dans une même ligne droite : il en est de même des autres objets peints dans la chambre. Les images des objets reçus sur un même plan sont d'autant plus petites que les objets sont plus éloignés du trou. Nous examinerons dans la suite les autres circonstances de cette expérience ; en attendant, on en peut déduire les faits suivants.

6. I. *La Lumiere tend toujours à aller en ligne droite.*

7. II. *Un point quelconque d'un objet lumineux, peut être vu de tous les lieux auxquels une droite tirée de ce point peut aboutir sans rencontrer d'obstacle.* Puisque la peinture d'un objet en mouvement est toujours visible dans la chambre obscure, tant que l'objet est exposé au trou.

8. III. Il suit de là qu'*un point lumineux envoye de la lumiere en tout sens. Il est le centre d'une sphere de lumiere qui s'étend indéfiniment de tous côtés.* Et si on conçoit que quelques-uns de ces rayons de lumiére soient interceptés par un plan, le point lumineux devient le sommet d'une pyramide de lumiere, dont le corps est formé par l'amas de ces rayons, & dont la base est le plan qui les arrête.

9. IV. L'image de la surface d'un objet qui se peint sur la muraille, est aussi la base d'une pyramide de lumiére dont le sommet est au trou de la chambre obscure : les rayons qui forment cette pyramide en forment une autre semblable & opposée en se croisant dans le trou qui en est le sommet, & la surface de l'objet en est la base.

10. V. *Les particules de lumiére sont extrêmement fines* : puisque les rayons qui viennent de chacun des points visibles de tous les objets exposés au trou de la chambre obscure, passent par un trou extrêmement petit, sans s'embarrasser sensiblement ni se confondre.

ARTICLE II.

De la Nature & des Propriétés de la Lumiere, par rapport à la Vision & aux Couleurs.

11. L'OEIL fait à notre égard, à quelques exceptions près, le même effet que la chambre obscure. La prunelle est un petit trou par où passent les rayons de lumiére, & où ils se croisent pour aller peindre sur la membrane qui en tapisse le fond, les images renversées de tous les objets qui sont exposés à notre vûe ; de sorte que les diametres des images ainsi peintes, sont proportionnels aux angles formés à l'entrée de la prunelle par les deux rayons qui partent des deux extrémités de l'objet, pourvû que ces angles soient petits ; ou bien, ce qui revient au même, les diametres des images sont d'autant plus grands, que la distance de l'objet est plus petite.

12. Quoiqu'on ne puisse donner une explication complete de la maniére dont la lumiére forme dans l'œil les images des objets, à moins qu'on ne sache la Dioptrique ; on va cependant exposer ici ce que l'expérience nous a appris sur la maniére dont la lumiére agit sur l'organe de la vûe, & sur les idées qui en résultent.

13. La lumiére est un composé d'une quantité prodigieuse de particules de matiére ou de corpuscules distingués les uns des autres, d'une petitesse comme infinie, très-élastiques, mûs avec une vîtesse extrême, de sorte qu'étant parvenus sur l'organe de notre vûe, ils le frappent avec une force proportionnée à la densité de ces corpuscules, à leur masse & à leur vîtesse ; ils y causent des trémoussemens ou impressions différentes, lesquelles en vertu de l'union intime de notre corps avec notre ame, occasionnent dans notre esprit des idées différentes, sur la présence des objets d'où ces corpuscules ou atomes lumineux sont partis.

14. Les atomes lumineux sont de différente espece, ou du moins ils ont des propriétés particulieres qui sont comme invariables dans chacun, & indépendantes des différentes modifications que la lumiére peut souffrir dans sa route.

15. J'appellerai *rayon de lumiére*, la route d'un atome ou point lumineux, ou plutôt une file d'atomes lumineux, contigus, homogénes ou de la même espece. Il y a donc autant d'especes de rayons lumineux qu'il y a d'especes d'atomes lumineux. Ces différentes especes se distinguent par les différentes sensations que l'organe éprouve : & ce sont ces différentes sensations que nous appellons *les couleurs*.

16. Quoiqu'il soit impossible de faire une division exacte de toutes les especes de rayons, cependant on en distingue ordinairement sept; qui forment autant de couleurs qu'on appelle *primitives*. On les met dans cet ordre qui est le même que celui qu'on voit dans les arcs-en-ciel, *rouge*, *orangé*, *jaune*, *verd*, *bleu*, *pourpre*, *violet*. C'est pourquoi dans la suite en parla[nt] des rayons de lumiére, nous dirons quelquefois *des rayons rouges*, *des rayons bleus*, &c. pour désigner les atomes lumineux qui causent dans notre œil une sensation particuliere, qui nous fait juger que ce que nous voyons est rouge ou bleu.

17. Un objet peut être visible, ou parce qu'il peut envoyer directement à notre œil des particules de lumiére ; & dans ce cas on l'appelle *objet lumineux*, comme le soleil, un flambeau, &c. sa lumiére s'appelle *lumiére directe ;* ou parce qu'étant rencontré par des rayons partis d'un objet lumineux, il peut les renvoyer vers notre œil, & occasionner en nous une idée de sa présence, de la maniére qu'on va l'expliquer ; & dans ce cas, cet objet s'appelle *objet éclairé ;* la lumiére comprise entre l'œil & lui, s'appelle *lumiére réfléchie*.

Comme le soleil est par rapport à nous l'objet le plus lumineux qui nous éclaire, nous allons expliquer comment il nous fait voir les objets. Il en sera de même des autres corps lumineux, comme des flambeaux.

18. Le soleil lance * de tous côtés, à une distance immense,

* On ne prétend pas décider ici si la lumiére se fait par une émission

une quantité prodigieuse de rayons de toutes les especes mêlées ensemble, de sorte qu'aucune ne prédomine sensiblement, & que dans tout l'espace de l'Univers qui nous est connu, il n'y a pas de point sensible qui ne soit rempli de sa lumiére, à moins qu'il ne soit occupé par quelque particule solide de matiére, ou qu'il ne se trouve dans l'étendue de la vraie ombre de quelque corps impénétrable à cette lumiére.

19. Les rayons que notre œil reçoit directement de tous les points de la surface du soleil exposée à notre vûe, forment un cône dont cette surface est la base, & l'entrée ou la prunelle de l'œil en est le sommet. Le prolongement de ces rayons au de-là de la prunelle forment en dedans de l'œil (en faisant abstraction de quelque détour dont on parlera dans la suite,) un autre cône qui se termine sur le fond de l'œil; & qui par conséquent y fait une impression dans un espace circulaire de ce fond, laquelle occasionne l'idée de la présence actuelle d'un objet rond & lumineux, que nous appellons le soleil.

20. Nous appellerons dans la suite *images des objets dans l'œil*, les espaces du fond de l'organe où les rayons de lumiére sont arrêtés, & où par conséquent les impressions se font sentir. On les appelle ainsi, parce qu'en effet lorsqu'on expose un œil dépouillé de toutes ses tuniques extérieures à un objet lumineux ou fortement éclairé, on voit une image de cet objet peinte avec toutes ses couleurs au fond de cet œil.

Lorsque les rayons du soleil ne viennent à nous que par reflexion, ou plus généralement, lorsqu'ils rencontrent un corps, il peut arriver quatre cas.

21. I. CAS. Si les parties solides de ce corps (que je suppose impénétrables à la lumiére) sont situées entr'elles si réguliérement à l'endroit de la surface où tombe la lumiére,

réelle de particules lumineuses détachées du corps lumineux, ou si ce n'est que l'effet d'un mouvement d'ondulation ou d'oscillation dans une matiére élastique qui remplit l'Univers, & à laquelle le soleil ou les autres corps lumineux par eux-mêmes donnent & entretiennent ce mouvement. Nous laissons aux Physiciens à prendre parti dans cette Question.

qu'elles renvoyent tous ces rayons * dans le même ordre dans lequel ils y sont parvenus, il est clair qu'un œil qui se trouvera sur la route de ces rayons réflechis, en recevra une impression qui sera précisément la même, que si ces rayons étoient venus directement du soleil. L'œil ne s'appercevra donc que de la présence du soleil; il s'en formera une image dans le fond de cet organe, & le corps qui aura renvoyé les rayons, ne sera qu'un vrai *miroir* invisible à l'œil. Seulement à cause que les rayons réflechis auront changé de route, le lieu où le soleil paroîtra placé, ne sera pas le même que si le soleil étoit vû directement. Parce que nous jugeons que les objets sont situés dans la ligne droite, qui est la direction des rayons à l'instant qu'ils arrivent à notre organe; de même que lorsque nous recevons un coup de pierre sans la voir, nous jugeons par l'impression du coup, que la pierre est venue dans la ligne droite, & du côté où cette impression s'est fait sentir, quoique cette pierre ne soit peut-être parvenue à nous que par ricochet ou par une courbe, dont la droite que nous prenons pour sa vraie direction, n'est que la tangente au point où elle nous a frappé.

22. On sait par expérience que plus la surface d'un corps opaque exposé au soleil est parfaitement polie, plus elle fait parfaitement l'effet du miroir; c'est-à-dire, qu'elle devient d'autant moins visible, mais qu'elle renvoye une image d'autant plus vive: & parce que la surface de tous les corps qui nous sont connus n'a jamais ce poli parfait, mais que les particules solides qui la terminent, sont posées irrégulierement, c'est-à-dire, différemment inclinées, élevées, figurées, &c. nous supposerons dans la suite de cet article, que les surfaces des corps ne peuvent être des miroirs parfaits.

* C'est encore une question parmi les Physiciens, de savoir si la lumiére se réflechit par une décomposition de mouvement à la rencontre des parties solides des corps, semblable à celle des corps élastiques qui choquent d'autres corps; ou si la réflexion de la lumiére n'est que l'effet d'une répulsion occasionnée par l'action d'un fluide répandu sur la surface des corps. Sans prendre aucun parti, nous parlerons de la réflexion, comme si elle se faisoit sur les parties solides des corps qu'elle rencontre.

23. II. CAS. Si les parties solides d'un corps sont tellement situées à l'endroit de la surface où la lumiére tombe, qu'elles renvoyent tous ou presque tous les rayons du soleil, ou du moins qu'elles n'en absorbent pas sensiblement plus d'une espece que d'une autre, en sorte que ces rayons soient réflechis confusément, les uns d'un côté, les autres de l'autre, selon la position de la surface de la petite partie solide qui les aura reçus, l'œil qui se trouvera sur la route de cette lumiére confusément réfléchie, recevra des rayons, qui viendront de toutes les parties de la surface réfléchissante. Tous ces rayons formeront une espece de Pyramide, dont cette surface sera la base; la prunelle de l'œil en sera le sommet : leur prolongement formera en dedans de l'œil une autre Pyramide, qui se trouvera terminée au fond de cet organe, par une base à peu près semblable à celle de la Pyramide extérieure. Or chaque particule solide de la surface réfléchissante, est un petit miroir, qui ne peut rapporter à l'œil qu'une très-petite partie de l'image du soleil; la situation irréguliére de toutes ces particules solides les rend autant de petits miroirs différemment posés; ce qui cause autant de positions différentes dans l'apparence de chaque portion d'image du soleil. D'où il suit que l'impression totale qui se fait dans toute l'étendue de la base de la Pyramide qui est dans l'œil, doit occasionner l'idée d'un assemblage de parties lumineuses, terminé par une figure semblable à celle de cette base.

24. On concevra ceci plus facilement par l'exemple qui suit. On sait que le diametre du soleil nous paroît soutendre dans le Ciel un arc d'environ 32. minutes. Si donc on renvoye, par le moyen d'un miroir plan exposé au soleil, une image de cet astre vers un œil, cette image paroîtra occuper une portion assez considérable du miroir. Supposons qu'on couvre presque toute cette portion, & qu'on n'en laisse à découvert qu'une assez petite partie, il est clair 1°. qu'on ne doit plus voir qu'une petite partie de l'image du soleil qu'on voyoit entiere précédemment; 2°. que cette partie d'image aura la figure de la partie découverte du miroir. Ce seroit la même chose, si au lieu d'un grand miroir presque tout

couvert, on ne se servoit que d'un petit miroir égal & semblable à cette partie découverte. Cela posé, imaginons qu'on prenne plusieurs morceaux de glace de miroir, trop petits chacun pour faire voir une image entiere du soleil; que l'on dispose chacun de ces morceaux en une figure quelconque, réguliére ou non, par exemple, en hexagone, en sorte cependant que chacun renvoye à un même œil la partie de l'image du soleil qu'il peut renvoyer (on verra dans la suite que pour cet effet les morceaux de glace ne doivent pas être dans un même plan) il est clair qu'en ce cas l'œil verra autant de portions d'images du soleil qu'il y aura de miroirs, & que toutes ces portions d'images formeront une figure lumineuse semblable à celle qui résulte de l'assemblage des miroirs (par exemple, un hexagone) en sorte qu'à mesure qu'on ajoûtera ou qu'on ôtera un morceau de glace, on verra paroître ou disparoître une portion d'image du soleil, ce qui changera la figure lumineuse, de la même maniére que l'assemblage des portions de glace changera de figure.

25. On voit encore 1°. qu'on peut tellement disposer ces morceaux de glace, qu'il n'y ait pas d'intervalle sensible entre les portions d'images du soleil qu'ils renvoyent; & qu'ainsi la figure lumineuse paroisse continue & sans interruption. 2°. Que selon que chaque morceau de glace sera plus ou moins net, plus ou moins poli, la partie de la figure lumineuse qu'il formera sera plus ou moins éclatante. 3°. Que la figure lumineuse doit faire la même impression dans l'organe, que si les rayons qui parviennent à l'œil venoient directement du soleil, & que par conséquent elle doit être de même couleur que le soleil, c'est-à-dire, blanche.

26. Si donc on regarde la surface d'un corps qui renvoye une très-grande quantité des rayons du soleil de toutes les especes, sans en absorber plus d'une espece sensiblement que d'une autre, comme terminée par des particules solides qui soient des polyhedres isolés ou séparés les uns des autres, en sorte que leurs faces soient autant de petits miroirs placés irrégulierement, & dans des plans différens, on conçoit que ce corps doit paroître blanc, & terminé par une figure

semblable à celle de son image qui est dans l'œil; & les parties de la surface de ce corps sont d'un blanc plus ou moins éclatant, selon le tissu plus ou moins serré des petits polyhedres, qui laisse par conséquent plus ou moins d'intervalles obscurs, selon leur poli, & selon la position de leurs faces à l'égard de l'œil & du soleil.

27. On voit donc, dans cette hypothese, que les corps blancs sont ceux qui réfléchissent vers notre œil des rayons de toute espece mêlés ensemble.

28. III. CAS. Si les parties solides du corps sont tellement situées à l'égard de l'œil & du soleil, ou si elles sont d'une telle nature qu'elles ne renvoyent que très-peu de rayons, en sorte qu'ils soient presque tous absorbés en pénétrant dans les pores ou interstices des particules solides des corps, & en y souffrant différentes modifications ou différens accidens qui les arrêtent, ou qui les empêchent d'être reçus par un œil, si ce n'est en très-petit nombre; alors l'œil recevra si peu de petites portions d'images du soleil, qu'elles ne feront aucune impression sensible, ou qu'elles n'en feront qu'autant qu'il en faut pour s'appercevoir qu'il y a au devant de l'œil quelques parties qui réfléchissent un peu de lumiére. C'est pourquoi le corps ne sera pas ou presque pas visible, & l'on n'aura d'idée de sa présence & de sa figure, qu'autant que les objets voisins seront plus éclatans, & feront plus de contraste avec lui. On appelle ces sortes de corps, des corps noirs.

29. D'où il suit que dans cette hypothese, les corps noirs sont ceux qui ne réfléchissent point ou que peu de rayons de lumiére.

30. IV. CAS. Si les parties solides qui terminent la surface d'un corps sont d'une telle nature qu'elles absorbent presque tous les rayons de lumiére, excepté ceux qui sont d'une certaine espece, lesquels soient presque tous seuls réfléchis, l'œil qui se trouvera sur leur route recevra autant de petites portions d'images du soleil qu'il y aura de particules solides qui lui auront renvoyé des rayons; mais ces petites portions d'image seront toutes d'une même couleur, & leur assemblage occasionnera l'idée de la présence d'un corps d'une

certaine couleur déterminée par l'espece des rayons réfléchis, & d'une figure déterminée par celle de cet assemblage.

31. D'où il suit I°. *Que les corps d'une certaine couleur sont ceux qui absorbent presque toutes les différentes especes de rayons, & qui ne renvoyent guère que ceux d'une certaine espece.*

32. II°. Que *les nuances des couleurs dépendent de la combinaison des différentes especes de rayons réfléchis.*

33. III°. Que *donner à un corps une couleur ou une teinture, c'est ou arranger ses parties intérieures, ou seulement celles qui terminent sa surface, ou faire entrer dans tous ses pores une matiére étrangere, ou couvrir sa surface d'un Vernis, de sorte que par quelques-uns de ces moyens, les rayons réfléchis par ce corps ne soient tous ou presque tous que de la même espece; ou du moins que cette espece y domine par-dessus toutes les autres.*

34. Il suit encore de l'explication précédente de la Vision & des Couleurs, qu'*un atôme de lumiére porte avec lui l'image du point lumineux d'où il est parti.* Si un rayon jaune parti du soleil rencontre un corps rouge, ou teint pour paroître rouge, ce rayon ne sera pas réfléchi : il pénétrera le corps, il y sera arrêté, ou bien il n'en sortira qu'après avoir fait plusieurs détours, qui l'empêcheront de parvenir à l'œil. Mais s'il rencontre un corps jaune, il se réfléchira sans le pénétrer. Ce qui ne doit pas cependant se prendre si rigoureusement, qu'un rayon jaune ne puisse être absorbé par un corps jaune, ou réfléchi par un corps rouge, mais seulement que d'un faisceau composé d'un très-grand nombre de rayons, jaunes par exemple, qui tomberont sur un corps rouge, très-peu en seront réfléchis.

ARTICLE III.

Des principales propriétés de la Lumiére.

NOus parlons ici de la lumiére en général, soit que ses rayons soient d'une même espece, soit qu'elle soit composée de rayons de différente espece.

35. I. PROP. *Dans un milieu libre la force & l'intensité de la lumiére qui se propage par des rayons paralleles, sont toûjours constantes.*

Car dans un milieu libre, il n'y a rien qui fasse obstacle au mouvement de la lumiére ; rien qui l'empêche d'agir de la même maniére ; rien qui diminue sa vîtesse, ni qui change sa direction.

36. II. PROP. *Dans un milieu libre, la force & l'intensité de la lumiére qui se propage par des rayons qui se réunissent en un même point, sont en raison inverse des quarrés des distances à ce point.*

Car les écarts de deux rayons de lumiére qui partent d'un même point, sont toujours proportionnels à leurs distances à ce point, (puisque les écarts de deux mêmes rayons forment des bases paralleles de triangles isosceles, dont ces deux rayons sont les côtés.) Supposons donc qu'ayant intercepté d'abord par un plan un certain nombre de ces rayons à une certaine distance du point de réunion, on recule ensuite ce plan à une distance double, puis triple, quadruple, &c. Les écarts des rayons seront entr'eux comme 1, 2, 3, 4, &c. (qui est le rapport des distances au point de réunion), & chaque dimension de la base de chaque pyramide lumineuse qu'on formera ainsi successivement, sera dans le même rapport. Donc (Elem. 608.) les surfaces de chacune de ces bases seront comme 1, 4, 9, 16, &c. De sorte que le même nombre de rayons se trouvant distribué successivement sur des surfaces qui sont entr'elles comme les quarrés des distances, la force de la lumiére qu'ils formeront diminuera dans la même proportion. Car en prenant sur la surface de chacune de ces bases une portion égale à la surface de la premiere base, on voit que la quantité de lumiére sur cette portion de la seconde base, n'est que le quart de ce qu'elle étoit sur la premiere base : elle n'est que le neuvieme sur la troisieme base, & le seizieme sur la quatrieme, &c.

37. D'où on voit qu'à mesure que la lumiére s'écarte d'un point lumineux, sa force suit cette serie 1, $\frac{1}{4}$, $\frac{1}{9}$, $\frac{1}{16}$, $\frac{1}{25}$, &c.

38. Rem. Quoique la force de la lumiére décroisse aussi rapidement en s'éloignant de son origine, cependant l'*éclat d'un même corps lumineux vû à une distance quelconque, dans un milieu parfaitement libre, & avec une même ouverture de prunelle, est constant*. Car cet éclat dépend de la densité des rayons qui forment l'image. Or si ayant placé l'œil à une certaine distance de l'objet, on le place ensuite à une distance double, l'image, dans ce second cas, occupe dans le fond de l'œil un espace qui n'a plus que la moitié de la longueur & de la largeur de celui qu'occupoit la premiere image, & qui n'en est par conséquent que le quart : mais aussi l'œil ne reçoit plus que le quart de la lumiére qu'il recevoit dans le premier cas. Donc les rayons de lumiére sont aussi denses dans cette seconde image que dans la premiere ; donc l'éclat de l'objet est le même.

39. Il est vrai que selon l'expérience, les mêmes objets paroissent d'autant plus obscurs qu'ils sont plus éloignés : mais cela vient de ce que nous ne pouvons voir les objets qu'à travers de l'air, qui est un milieu assez dense, surtout vers la surface de la terre, & qui fait dissiper une quantité prodigieuse de rayons dans l'intervalle de l'objet à notre œil. Puisque, selon les expériences & les calculs de M. Bouguer, 189 toises d'intervalle horizontal, qui sont $\frac{1}{12}$ de lieue commune, font perdre la 100e partie de la lumiére, & 7469 toises ou 3 lieues $\frac{1}{4}$, en dissipent le tiers. (Essai d'Opt. pag. 76. & 80.)

40. III. Prop. *La densité d'un milieu diaphane, uniformement dense, fait décroître selon une progression géométrique*

l'intensité de la lumiére qui se propage par des rayons quelconques.

DEM. Supposons que la densité uniforme d'un milieu, par exemple, d'un morceau de glace, consiste en ce que le nombre des petites parties solides de cette glace, qui arrêtent la lumiére au passage, fasse la $\frac{1}{n}$ eme partie du volume de la glace. Supposons encore que cette glace soit divisée dans son épaisseur en tranches égales chacune en épaisseur au diametre de ces parties solides, que je suppose égales entr'elles, il est clair que si un faisceau de rayons de lumiére disposés comme on voudra & appellés 1, vient à tomber sur cette glace, la $\frac{1}{n}$ eme partie de ces rayons sera arrêtée au passage de la premiere tranche, de sorte qu'il n'en sortira que $1 - \frac{1}{n}$ ou $\frac{n-1}{n}$, & parce que la seconde tranche est homogêne & égale à la premiere, elle arrêtera de même la $\frac{1}{n}$ eme partie des rayons qui s'y présenteront, c'est-à-dire, de $\frac{n-1}{n}$; laquelle partie est $\frac{n-1}{nn}$: donc il n'en sortira que $\frac{n-1}{n} - \frac{n+1}{nn} = \frac{nn-2n+1}{nn} = \frac{(n-1)^2}{n^2}$: on prouvera de même qu'il ne sortira de la troisieme tranche que $\frac{(n-1)^3}{n^3}$, de la quatrieme que $\frac{(n-1)^4}{n^4}$, &c. ce qui est évidemment en progression géometrique.

41. IV. PROP. *Dans un milieu diaphane & d'une densité uniforme, l'intensité de la lumiére qui diverge d'un point lumineux pris dans ce milieu, décroît selon cette serie,* $\frac{n-1}{n}$, $\frac{(n-1)^2}{4n^2}$, $\frac{(n-1)^3}{9n^3}$, $\frac{(n-1)^4}{16n^4}$, $\frac{(n-1)^5}{25n^5}$, &c. dans laquelle n exprime la portion des rayons de lumiére que la densité du milieu arrête à chaque intervalle égal des distances au point lumineux.

Car (37) au bout de chaque intervalle égal de distance en vertu de la divergence, l'intensité de la lumiére est comme $1, \frac{1}{4}, \frac{1}{9}, \frac{1}{16}, \frac{1}{25}$, &c. & en vertu de la densité uniforme du milieu, elle est comme $\frac{n-1}{n}, \frac{(n-1)^2}{n^2}, \frac{(n-1)^3}{n^3}, \frac{(n-1)^4}{n^4}$, &c.

42. Par exemple, de ce que à 189 toises de distance, la lumiére perd $\frac{1}{100}$ de ses rayons, à cause de la densité de l'air, il suit que l'intensité de la lumiére par laquelle on voit un objet à $\frac{1}{12}$ de lieuë de distance, est à celle par laquelle on le voit à $\frac{1}{3}$ de lieuë ou à 756 toises de distance, reciproquement comme $\frac{96059601}{100000000}$ à $\frac{99}{100}$, ou à très-peu près, comme 33 à 2.

43. Rem. I. Comme la lumiére qui nous vient des astres traverse l'atmosphere d'air qui environne la terre de toutes parts, il s'en perd d'autant plus de rayons, que cette lumiére doit faire un plus long trajet dans cet atmosphere : or ce trajet est d'autant plus long, que le rayon vient plus obliquement à nous. Soit ABC, (Fig. 1.) un arc de la circonférence de la terre, *abc* un arc concentrique, qui est l'extrémité de l'atmosphere d'air, lequel ne s'étend guère que de quelques lieues au dessus de nous. Soit DB un rayon de lumiére qui vient du Zénith perpendiculairement à l'horizon d'un observateur placé en B. Soit EB, un rayon qui vient obliquement, & FB un rayon qui vient horizontalement ; on voit évidemment que celui qui vient perpendiculairement n'a précisément que l'épaisseur *b*B de l'atmosphere à traverser ; que le rayon oblique EB en a une portion GB plus grande que *b*B, mais que le rayon horizontal FB a le plus grand trajet HB à faire : d'où il suit que la lumiére des astres est la plus foible, lorsqu'ils paroissent à l'horizon ; qu'elle augmente à mesure qu'ils s'élevent au dessus de l'horizon, & qu'elle est la plus vive lorsqu'ils passent au Zénith.

44. Par un calcul fondé sur ses expériences, M. Bouguer trouve que de 10000 rayons qui partant d'un astre viendroient jusqu'à notre œil, s'ils ne rencontroient pas notre atmosphere, il n'y en arrive réellement qu'autant qu'il est marqué dans la Table suivante.

Dégrés de hauteur apparente.	Nombre des Rayons.	Dégrés de hauteur apparente.	Nombre des Rayons.	Dégrés de hauteur apparente.	Nombre de Rayons.
0	5	8	2423	30	6613
1	47	9	2797	35	6963
2	192	10	3149	40	7237
3	454	11	3472	50	7624
4	802	12	3773	60	7866
5	1201	15	4551	70	8016
6	1616	20	5474	80	8098
7	2031	25	6136	90	8123

45. REM. II. M. Bouguer a fait voir par des expériences ; I°. que *la lumiere du Soleil eſt environ trois cens mille fois plus forte que celle de la Lune lorſqu'elle eſt pleine , & qu'elle eſt au milieu entre ſa plus grande & ſa plus petite diſtance de la Terre.* II°. *Que la lumiére du Soleil n'eſt plus ſenſible , lorſqu'elle eſt diminuée* 1000000000000 *fois ;* en ſorte qu'un corps eſt véritablement opaque , lorſqu'il ne laiſſe paſſer que la 1000000000000me partie de la lumiére du Soleil.

46. REM. III. Une autre propriété de la lumiére que les obſervations aſtronomiques ont fait connoître , c'eſt que *la propagation de la lumiére ſe fait avec une extrême viteſſe, en ſorte qu'elle neſt qu'environ* 8 *minutes de tems à venir du Soleil juſqu'à nous,* c'eſt-à-dire , à parcourir 25000000 lieuës : d'où il ſuit que nous ne voyons preſque jamais rien dans le ciel qui ſoit actuellement dans ſon vrai lieu ; parce que chaque aſtre avance dans ſon orbite pendant le tems que la lumiére qu'il nous envoye, parcourt l'eſpace compris entre lui & notre œil. Et parce que notre œil eſt lui-même entraîné par la révolution de la terre autour du Soleil , il en arrive une complication d'apparences, qui nous font rapporter les aſtres ailleurs qu'à l'endroit où ils ſont réellement. Le détail de ces effets fait l'objet d'une partie conſidérable de l'Aſtronomie moderne. On l'appelle *la Théorie de l'aberration de la lumiére.*

47. V. PROP. *Si les rayons de lumiére partant d'un point, passent par un trou dans une chambre obscure, & sont reçus sur un plan parallele à celui du trou, ils formeront sur ce plan une figure semblable à celle du trou, d'autant plus grande qu'elle sera plus éloignée du trou.*

Car alors le point lumineux est le sommet d'une pyramide de lumiére dont les faces sont déterminées par les rayons qui rasent les côtés du trou ; elles s'étendent d'autant plus qu'elles s'éloignent plus du trou. Or si on présente un plan parallelement à ce trou (dont le plan est un des polygones élémentaires de la pyramide,) on coupe alors la pyramide dans le sens d'un de ses polygones élémentaires ; & par conséquent la figure lumineuse sera semblable à celle du trou, & d'autant plus grande qu'elle en sera plus éloignée.

48. Il est clair par la nature de la pyramide, que si on présente le plan obliquement à celui du trou, la figure lumineuse doit avoir autant de côtés que le trou, mais elle ne doit pas lui être semblable, elle doit être plus allongée.

49. On voit encore (34) que cette figure lumineuse n'est autre chose qu'un amas d'images du point lumineux.

50. VI. PROP. *Lorsque la lumiére du Soleil ou de la pleine Lune passe par un petit trou d'une figure quelconque, si on la reçoit sur un plan parallele à celui du trou & fort proche, on aura une figure lumineuse semblable à celle du trou ; mais si on la reçoit à une distance considérable, on aura une figure lumineuse sensiblement circulaire.*

Car la surface du trou est composée d'une infinité de points qui sont comme autant de petits trous contigus, par chacun desquels passent des rayons de lumiére qui viennent de tous les points du disque du Soleil. Chaque point de la surface du trou est donc le sommet d'un cône lumineux dont la base est le disque du Soleil ; l'axe est le rayon qui vient du centre du disque à ce point, & l'angle formé au sommet de ce cône par les deux apothêmes opposés, est de 32 minutes ; les rayons de lumiére passant au-delà du trou, & s'y croisant, forment un autre cône lumineux qui a le même sommet, le même axe & le même angle au sommet, mais qui s'étend indéfiniment au-delà du trou, à l'opposite du Soleil. Et comme la largeur du trou est infiniment petite à l'égard de sa distance au Soleil, les axes de tous ces cônes sont tous paralleles entr'eux. Or à cause de la petitesse de l'angle au sommet de chaque cône, les apothêmes sont sensiblement confondus avec leurs axes à peu de distance du trou. Donc un plan posé tout auprès du trou, ne reçoit la lumiére du Soleil que comme s'il n'y avoit que les axes seuls, lesquels étant paralleles entr'eux, sont arrangés dans le même ordre que tous les points de la surface du trou; & par conséquent la figure lumineuse doit être sur ce plan semblable à la figure du trou. Mais quand on éloigne le plan, les apothêmes des cônes lumineux commencent à s'écarter sensiblement des axes; les cônes deviennent sensiblement ouverts, de sorte qu'à une distance considérable du trou, la figure lumineuse est composée de toutes les bases de ces cônes, qui sont des cercles. Les centres de ces cercles déterminés par la rencontre des axes des cônes, sont à la vérité arrangés sur le plan de la même maniére & à la même distance les uns des autres que les points de la surface du trou; mais leurs circonférences sont confondues les unes dans les autres, & forment par conséquent une figure à peu près circulaire, comme on voit celle des sept cercles (Fig. 2) dont les centres sont A, B, C, D, E, F, G, & forment un heptagone irrégulier.

51. REM. I. Tant que les dimensions du trou ne différeront pas beaucoup entr'elles, la figure lumineuse sera sensiblement circulaire. Si la figure du trou est oblongue, comme si c'étoit celle d'un parallelogramme, la figure lumineuse paroîtra aussi comme un parallelogramme arrondi ou terminé en demi-cercle par les deux bouts opposés. En général toutes les figures lumineuses causées par le Soleil ou par la Lune, auront toujours leurs angles arrondis à une certaine distance.

52. II. Si le plan n'est pas parallele à celui du trou, la figure lumineuse sera ovale, parce que les bases de tous les cônes de lumiére deviendront des ellipses.

53. III. Si on bouche une partie du trou, ce qui changera la figure du trou, celle de l'image lumineuse ne changera

pas ; elle deviendra seulement plus foible de lumiére & plus petite.

54. IV. C'est pour cela que lorsqu'on se promene sous une avenue de hauts arbres éclairés du Soleil, & dont l'ombrage est assez épais, tel qu'est celui des maronniers d'Inde, on voit sur le terrein des cercles de lumiére qui répondent aux endroits entre lesquels le Soleil a pu pénétrer.

55. COROLL. *S'il y a plusieurs petits trous voisins les uns des autres*, par exemple, trois, *par où la lumiére du Soleil entre dans une chambre obscure, on verra d'abord à une certaine distance trois cercles lumineux, à mesure qu'on éloignera le plan, ces trois cercles s'aggrandiront sans que leurs centres se rapprochent ni s'écartent ; puis ils se toucheront, enfin ils se confondront pour toujours en un seul, qui paroîtra de plus en plus rond & grand.*

ARTICLE IV.

Des Propriétés des Ombres.

56. I. PROP. *UN corps opaque éclairé en partie, jette une ombre terminée par des lignes droites, & précisément opposée à la lumiére.*

Car la lumiére se propage (6) toujours en ligne droite, & les rayons de lumiére qui rasent les extrémités des corps terminent l'ombre qui reste derriere les corps.

57. II. PROP. *L'Ombre d'un Corps éclairé produit une obscurité d'autant plus sensible, que la lumiére qui éclaire la partie opposée est plus forte.*

Car alors la privation de cette lumiére en doit être d'autant plus sensible.

58. REM. Lorsqu'un même corps est éclairé par plusieurs lumiéres différentes, situées cependant à peu près du même côté, il jette à l'opposite autant d'ombres différentes, lesquelles se confondent en partie vers le pied de ce corps ; &

l'on voit par cette proposition pourquoi l'obscurité de ces ombres est d'autant plus grande, qu'elles sont en plus grand nombre confondues ensemble.

59. III PROP. *L'Ombre formée par l'interposition d'un corps opaque dans un milieu éclairé & reçue sur un plan, est toujours terminée par une pénombre, d'autant plus étendue que le corps lumineux est plus gros, que le corps opaque est plus loin du plan qui reçoit son ombre, & que cette ombre est reçue plus obliquement sur ce plan. L'intensité de cette pénombre diminue à proportion qu'elle s'éloigne de l'ombre pure.*

Soit A B le Soleil (Fig. 3); E D un objet placé sur le terrein D I : il est clair qu'ayant tiré les rayons BF, CG, AH, un œil qui s'avanceroit de I vers H, verroit le Soleil entier: étant en H il commenceroit à n'être plus éclairé par le bord inférieur A du Soleil; en continuant de s'avancer il verroit une portion du disque du Soleil de plus en plus petite : par exemple en G, il ne verroit plus que la moitié supérieure du Soleil, & en F il cesseroit de le voir, il entreroit dans l'ombre pure F D. D'où il paroît 1°. qu'il voit d'autant moins clair qu'il s'approche plus de la vraie ombre : de sorte que l'espace H F est couvert d'une pénombre, d'autant plus forte qu'elle approche plus de l'ombre pure, laquelle commence en F. 2°. Que dans le triangle FEH, le côté FH qui mesure la pénombre est d'autant plus grand, que l'angle opposé FEH, (qui mesure le diametre apparent A B de l'objet lumineux) est plus grand, que la distance ED de l'extrémité E du corps au plan DI qui reçoit l'ombre est plus grande, & que les droites EH, EF, sont plus obliques.

60. REM. C'est pour cela que le terme de l'ombre des corps éclairés par le Soleil est toujours confus, surtout lorsque l'ombre est loin du corps qui la cause. Et parce que le diametre du Soleil est vu sous un angle de 32. minutes, il est évident (Elem. 746) que *la grandeur* FH *de la pénombre d'un objet est à la distance de l'extrémité* E *de l'objet au commencement* F *de son ombre pure, comme le sinus de* 32 *minutes, est au sinus de l'angle* EHD *de la hauteur apparente du bord inférieur du Soleil au-dessus du plan* DI *qui reçoit l'ombre.*

61. IV. PROP. *Les longueurs des vraies ombres du Soleil ou de la Lune sont en raison inverse des tangentes des hauteurs apparentes du bord supérieur de ces astres au-dessus du plan qui reçoit ces ombres.*

Car dans le triangle rectangle EDF, il est clair (Elem. 748) qu'en prenant l'objet ED pour rayon, la grandeur DF de l'ombre est la tangente de l'angle DEF, complement de DFE, hauteur du bord supérieur du Soleil au-dessus du plan DI. Donc les ombres vraies sont comme les cotangentes de ces hauteurs, ou (Elem. 737) en raison inverse des tangentes des hauteurs du bord supérieur de l'astre qui les cause.

62. COROLL. *Etant données deux de ces trois choses, l'angle de la hauteur du bord supérieur de l'astre, la hauteur perpendiculaire d'un objet au-dessus du plan par rapport auquel on estime la hauteur de l'astre, & la longueur de la vraie ombre de cet objet, mesurée depuis le point où repond la perpendiculaire au plan, tirée de l'extrémité de l'objet, on peut connoître la troisieme*, par le calcul d'un simple triangle rectangle comme EDF.

63. V. PROP. *Si un globe lumineux éclaire un globe obscur plus gros que lui, il en éclairera une partie d'autant moindre, & il y employera une partie de sa surface d'autant plus grande qu'il sera plus petit. Ce sera le contraire s'il est plus gros; & s'ils sont égaux, la moitié de sa surface éclaire la moitié de la surface de l'autre.*

Soit en B (F. 4) un globe lumineux qui éclaire le globe plus gros C. Il est clair que la partie du globe C, qui en est éclairée, est déterminée par les derniers rayons qui puissent y atteindre, & par conséquent par les rayons qui le touchent; de même les derniers rayons du globe B, qui puissent éclairer le globe C, ne peuvent être que des rayons tangens: ainsi les tangentes LP, KO, déterminent & les derniers points éclairans L K, & les derniers points éclairés P, O. Si sur la droite BC, on éleve les diametres perpendiculaires HI, MN, ils partageront (Elem. 402) en deux également les circonférences des globes B, C: & si des mêmes points B & C, on abbaisse sur les tangentes les perpendiculaires BL, BK, CP, CO, elles détermineront les points de contact. Ainsi l'arc LRK; (plus grand que de 180 dégrés) representera la partie éclairante, & l'arc PSO, (moindre que de 180 dégrés) la partie éclairée. Au contraire, si C étoit un globe lumineux, & B un globe obscur, l'arc PSO en représenteroit la partie éclairante, & l'arc LRK la partie éclairée. Enfin, si les globes étoient égaux, les tangentes seroient paralleles, & passeroient par les extrémités des diametres HI, MN; & par conséquent l'arc éclairant & l'arc éclairé seroient chacun de 180 dégrés.

64. COROLL. I. Il est aisé de voir qu'à cause de la ressemblance des triangles rectangles LBH, PMC, KBI, OCN, les arcs LH, PM, KI, ON, sont d'un égal nombre de dégrés, & que par conséquent *l'arc d'un globe qui mesure la largeur de sa partie éclairante, est le supplément à 360° de l'arc qui mesure la largeur de la partie éclairée de l'autre globe.*

65. COROLL. II. Par la même raison, *l'arc obscur du globe éclairé a autant de dégrés que l'arc éclairant du globe lumineux, & l'arc éclairé en a autant que celui qui n'éclaire pas.*

66. COROLL. III. Et à cause des triangles rectangles semblables ABL, BLH, l'angle BAL = LBH, d'où on voit que *l'excès de l'arc éclairé sur l'arc obscur, ou la différence entre la partie éclairante & la partie éclairée est mesurée par l'angle* LAK *des rayons tangens.*

67. COROLL. IV. *Un globe éclaire la moitié d'un globe égal, à quelque distance qu'ils soient l'un de l'autre; mais un globe qui en éclaire un autre plus petit, en éclaire une partie d'autant plus grande qu'il en sera plus près & réciproquement.* Car plus les globes seront près, plus l'angle PAO des tangentes sera grand, & par conséquent plus la partie éclairée excédera la partie obscure.

68. Ainsi on ne peut voir d'un œil seul la moitié d'un globe dont le diametre seroit plus grand que l'ouverture de la prunelle. Le Soleil éclaire plus que la moitié de chacune des planetes; la Lune étant pleine, éclaire moins que la moitié de la terre, &c.

69. COROLL. V. *L'ombre d'un globe éclairé par un globe égal, est cylindrique & infinie*; car elle est terminée par des rayons qui sont tous paralleles entr'eux, & qui entourent une circonférence de cercle. *L'ombre d'un globe éclairé par un plus gros, est un cone fini*, comme KAL; & *l'ombre* QPOV *d'un globe* C, *éclairé par un plus petit* B, *s'étend à l'infini en un cône tronqué.*

70. COROLL. VI Etant donnés les demi-diametres BK, CO, & la distance BC des centres de deux globes, on détermine aisément la longueur de l'axe BA du cône d'ombre du plus petit globe. Car si on tire KD parallele à BC, à cause des paralleles BK, CO, on a BK = CD, & BC = KD, les triangles KDO, ACO sont semblables; donc DO : OC :: DK : CA; ou CO — BK : CO :: CB : CA. Otant donc CB de CA, reste BA qu'on cherche. Soit B la Terre, C le Soleil, BK = 1, CO = 80, 5 & BC = 17189: on trouve donc BA = 216 qui valent environ 324000. lieues, à raison de 1500 lieues pour le demi-diametre BK de la terre.

ARTICLE V.

Des principales illusions de la Vuë.

71. COMME nous ne voyons les objets que par l'impression que fait dans le fond de notre œil l'image des objets qui s'y peignent, nous n'en concluons leur grandeur, leur figure, leur position, leur mouvement & leur distance, que par la nature de cette impression, ou par certains jugemens auxquels nous nous sommes accoutumés, quoiqu'ils soient souvent faux; & qu'ils ayent par conséquent besoin d'être redressés par le raisonnement. En voici quelques exemples.

72. I. Il est certain par l'expérience que les images des objets sont peintes renversées dans notre œil, cependant nous

les croyons voir droits, sans doute parce que nos autres sens; & principalement le toucher, nous ont convaincu par une expérience qui a prévenu nos raisonnemens, que les parties des objets qui sont peintes en embas dans notre œil, sont réellement situées en enhaut, & ainsi du reste.

73. II. Il y a une certaine portée ordinaire de notre vuë, qui est la distance à laquelle nous avons coûtume de converser & de nous trouver dans le commerce de la vie. Lorsque des objets sont à cette portée, il arrive que quoique les dimensions de leurs images dans notre œil changent prodigieusement, pour peu qu'on s'approche ou qu'on s'éloigne de ces objets, nous ne nous appercevons pas que ces objets changent sensiblement de grosseur. Hors de cette portée cependant, nous voyons les objets diminuer à mesure que nous nous en éloignons, & réciproquement. Par exemple, si je place mon œil successivement à 2, à 4, à 6 pieds de distance d'un même homme, il est clair (Elem. 495) que les dimensions de son image seront successivement entr'elles comme 1, $\frac{1}{2}$, $\frac{1}{3}$, & par conséquent cet homme me devroit paroître plus petit dans le même rapport; puisque nous ne devrions juger de sa grandeur que par celle de ses images. On sait cependant qu'on ne s'apperçoit pas de cette diminution. Et pour faire voir que cela ne provient que de l'habitude, il n'y a qu'à considérer que si nous voyons devant nous un homme à la distance de 120 pieds, il ne nous frappe pas par sa petitesse, de même que si étant au bas d'une tour haute de 120 pieds, on le voyoit au sommet, où il ne paroîtroit pas plus gros qu'un enfant. Ce qui vient sans doute de ce que n'étant pas habitués de porter notre vuë si perpendiculairement pour converser, nous ne sommes plus dans le cas de juger comme à l'ordinaire; & alors nous déterminons la grandeur des objets principalement par celle de leurs images.

74. Il résulte de-là qu'il faut que les objets soient placés hors de cette portée, pour que nous puissions déterminer le rapport de leur grandeur apparente à leur distance réelle de l'œil.

75. Smith nous rapporte un fait d'après M. Chesselden,

fameux Anatomiste Anglois, qui éclaircira encore ceci. M. Chesselden ayant fait voir que ceux qui ont une vraie cataracte sur les yeux, peuvent distinguer le jour de la nuit, & les corps colorés de noir, de blanc & de rouge vif, lorsqu'ils sont fort éclairés, sans cependant pouvoir assigner leur figure; Il dit qu'il avoit guéri un jeune homme de 13 ans, qui avoit une pareille cataracte; qu'après cette opération, le jeune homme ne put reconnoître ces corps colorés lorsqu'il les vit; les fausses idées qu'il s'en étoit faites auparavant n'étant pas suffisantes pour cela. Il ne pouvoit plus se persuader que les choses qu'il avoit connues par leur nom fussent les mêmes. Quand il commença à voir clair, il étoit si peu en état de faire aucun jugement sur la distance des objets, qu'il s'imaginoit les avoir tous sur ses yeux; il ne pouvoit concevoir aucune ligne d'intervalle entre lui & les murs de sa chambre; les objets lui parurent d'abord extraordinairement grands; il ne pouvoit concevoir comment toute la maison pouvoit être plus grande que sa chambre, quoiqu'il comprît fort bien que sa chambre n'étoit qu'une partie de la maison. Il ne pouvoit porter aucun jugement sur la figure des corps, quoiqu'ils fussent fort différens les uns des autres par leur forme & par leur grandeur; il ne pouvoit dire en quoi consistoit le plaisir qu'il trouvoit en voyant chaque objet. Il fut fort embarrassé à la vuë des peintures, & il fut deux mois à se convaincre qu'elles ne faisoient que représenter des corps solides. Il ne tournoit pas d'abord les yeux vers les objets; il fut même long-tems à s'y habituer petit-à-petit.

ARTICLE VI.

Des différentes apparences des Objets vûs de loin.

76. J'APPELLE *Angle optique*, celui qui est formé dans la prunelle de l'œil, par les deux rayons qui partent de chaque extrémité d'une des dimensions d'un objet.

77. I. PROP. *Les objets égaux ou inégaux, vûs sous le même angle, paroissent égaux*, à moins qu'il n'y ait quelque cause particuliere qui en change les apparences.

Car, toutes choses d'ailleurs égales, nous ne pouvons juger de l'égalité ou l'inégalité des objets que par celles des images qu'ils forment dans notre œil : or, si les dimensions de deux objets quelconques forment à la prunelle de notre œil des angles égaux, ils doivent former au fond de l'œil des images égales. Donc on les doit juger égaux.

78. II. PROP. *Les objets exposés de la même maniere à notre vuë, paroissent diminuer de grandeur, à mesure qu'ils s'éloignent de notre œil.*

Car les dimensions de ces objets sont des bases constantes d'un triangle dont les côtés sont les distances de leurs deux extrémités à l'œil ; ces côtés augmentant à mesure que l'objet s'éloigne, leurs angles opposés doivent augmenter aussi, & par conséquent (Elem. 495) l'angle à l'œil opposé au côté constant, doit toujours diminuer & former dans l'œil des images plus petites à proportion.

79. COROLL. I. *Les grandeurs apparentes ou les angles optiques des objets sont en raison inverse de leurs distances à l'œil : lorsque ces angles sont petits.*

80. COROLL. II. *Les parties égales d'un objet fort grand, & hors de la portée ordinaire de la vuë, ne paroissent pas égales.* Car les parties qui sont plus éloignées de l'œil, doivent soutendre des angles optiques plus petits & réciproquement.

81. COROLL. III. *Il se peut faire que la plus petite des*

deux parties d'un objet paroiſſe la plus grande des deux ; ſavoir, ſi elle eſt expoſée de ſorte qu'elle ſoutende un plus grand angle optique.

82. III. PROP. *Les lignes paralleles étant prolongées à une grande diſtance paroiſſent concourir & former un angle à leurs extrémités.* Parce que les lignes qui meſurent leurs intervalles qui ſont toujours égaux, ſoutendent des angles optiques qui deviennent de plus petits en plus petits ; & enfin inſenſibles, lorſqu'elles ſont vues à une très-grande diſtance : donc alors l'intervalle des lignes paralleles paroît nul vers leurs extrémités, & les paralleles paroiſſent concourir.

83. REM. De-là on voit 1°. pourquoi *une tour fort élevée paroît comme panchée ſur celui qui du pied en regarde le ſommet.* Car ſi la tour eſt d'aplomb, le ſpectateur qui regarde en l'air, la compare à la ligne d'aplomb qui paſſe par ſon œil. Ces deux aplombs ſont deux paralleles qui paroiſſent tendre à concourir ; donc l'aplomb de la tour, qui eſt couché ſur ſon mur, paroît ſe rapprocher, dans ſa partie ſupérieure, de l'aplomb de l'œil, & par conſéquent la tour paroît panchée, comme pour ſe renverſer ſur le ſpectateur. 2°. *Pourquoi la mer paroît s'élever d'autant plus qu'elle s'éloigne plus des côtes, & qu'on la voit d'un lieu plus élevé.* C'eſt par la même raiſon ; on compare ſa ſurface qui eſt de niveau, avec la ligne de niveau qui paſſe par l'œil du ſpectateur ; ces deux niveaux étant paralleles, ſemblent ſe rapprocher à meſure qu'ils s'éloignent de l'œil : ils s'en éloignent d'autant plus, qu'on voit une plus grande étendue de la mer, & cette étendue eſt d'autant plus grande, qu'on eſt plus élevé. 3°. *Pourquoi dans une longue galerie le platfond paroît aller toujours en baiſſant, & le parquet toujours en montant.* C'eſt qu'on compare l'un & l'autre à la ligne de niveau qui paſſe par l'œil, laquelle eſt au-deſſus du niveau du parquet & au-deſſous du niveau du platfond. 4°. *Pourquoi quand on marche parallelement à une avenue ou à un long mur, les parties qui ſont à droite, paroiſſent tendre de plus en plus vers la gauche ; ou ſi on eſt entre deux murs ou deux rangs d'arbres, ces objets paroiſſent s'écarter les uns des autres à meſure qu'on en approche,* &c.

84. COROLL. *Une ligne de niveau qui est aussi au niveau de l'œil*, par exemple, un cordon de muraille, *paroît toujours de niveau, de quelque maniere qu'elle soit dirigée à l'égard de l'œil, mais d'autres lignes de niveau qui seroient au dessus ou au-dessous de celles-là, doivent toujours paroître inclinées à l'horizon.*

85. IV. PROP. *La figure apparente d'un objet est déterminée par la situation des points de cet objet, qui peuvent envoyer des rayons à l'œil*; ce qui est évident.

86. COROLL. I. *Une droite tellement disposée, qu'étant prolongée, elle passeroit par le centre de la prunelle perpendiculairement à la surface de l'œil, ne paroît que comme un point.* Car il n'y a que le point de son extrémité qui est vers l'œil, qui puisse y envoyer un rayon de lumiére.

87. COROLL. II. *Un plan tellement exposé que l'axe de l'œil étant prolongé, seroit couché dessus, ne paroît que comme une ligne.* Car alors il n'y a que la ligne qui forme la partie du contour du plan, exposée à la vuë, qui puisse envoyer à l'œil des rayons de lumiére.

88. COROLL. III. *Un solide qui ne présente à l'œil qu'une de ses faces, paroît comme une simple surface.*

89. V. PROP. *Un œil qui est dans le plan d'une grande ligne quelconque fort éloignée, réguliere ou irréguliere, la voit comme un arc de cercle dont il est le centre.*

Car puisque les points G, F, A, B, C, D, E, (Fig. 5) de la courbe irréguliere GFAE, sont dans le plan qui passe par l'œil placé en O, & qu'ils sont bien au-delà de la portée ordinaire de la vuë, l'œil ne peut juger quels sont les points plus proches; il ne peut distinguer la différence entre OP & OD, parce qu'elle est fort petite à l'égard d'une de ces deux droites; & par conséquent n'ayant aucun moyen de juger de l'inégalité de ces deux rayons, il est porté à les croire égaux; il en est de même des autres. Il doit donc s'imaginer au centre d'un cercle dont tous ces points sont à la circonférence.

90. REM. Si les différences étoient extrêmement inégales, on pourroit découvrir quelles sont les parties les plus proches

par la vivacité de la lumiére, ou par leur grosseur. Et si l'œil étoit fort éloigné du plan de cette courbe, il pourroit aussi s'appercevoir de ses inégalités; les lignes DP, BL, FI, n'étant pas infiniment petites par rapport à OD, OB, OF, & étant d'ailleurs exposées plus directement à la vuë que lorsque l'œil est dans leur plan, elles deviendroient sensibles.

91. COROLL. *Une petite ligne irréguliere, vue de loin, comme* ABCDE, *doit paroître une ligne droite;* car elle doit paroître comme un arc de fort peu de dégrés.

92. C'est pour cela 1°. que lorsqu'on est dans une grande plaine terminée irréguliérement, on croit toujours être au centre d'un cercle, les objets élevés & éloignés paroissent être tous à la circonférence. 2°. On s'imagine qu'on n'avance guère quoique l'on marche toujours, parce qu'on se voit toujours au centre. 3°. Le ciel nous paroît comme une sphere creuse dans l'axe de laquelle notre œil est situé, & tous les astres sont comme attachés à sa circonférence. 4°. Les grandes villes & les forêts paroissent terminées en amphithéatre, lorsqu'on les voit de loin, &c. 5°. Une sphere fort éloignée comme le Soleil & la Lune, ne nous paroissent que comme une surface plane circulaire. 6°. Un polyhedre taillé à facettes, paroît comme un globe vû d'une distance médiocre, & vû de loin, comme un cercle. 7°. Une tour quarrée ou polygone paroît ronde, ou même plate, si on la voit de bien loin. 8°. On n'apperçoit pas qu'un globe, qu'on voit même d'assez-près, tourne sur son axe, s'il tourne uniformement, à moins qu'il n'y ait quelque tache sur sa surface, & que le globe ne tourne assez lentement.

93. VI. PROP. *Un œil placé dans l'axe élevé perpendiculairement au plan, & par le centre d'un polygone régulier, voit que ce polygone est régulier; mais s'il est hors de cet axe, il lui paroît irrégulier.*

Car les rayons tirés de tous les angles du polygone à l'œil placé dans l'axe, formeront une pyramide droite à base réguliere, dont par conséquent tous les angles qui composeront l'angle solide du sommet seront égaux, & tous les apothêmes aussi égaux; donc les côtés du polygone paroîtront à l'œil sous des angles égaux, & posés tous de la même maniére. Mais si l'œil est placé hors de l'axe, les côtés égaux du polygone régulier en seront inégalement éloignés, & paroîtront par conséquent inégaux & différemment posés.

94. COROLL. *Un polygone régulier vû obliquement, paroît allongé, & un cercle paroît comme une ovale.* Parce que les parties plus éloignées de l'œil paroissent plus petites & plus rétrécies, les plus proches plus larges & plus étendues : donc les diagonales paroissent plus courtes dans un sens, plus longues dans l'autre.

95. REM. L'objet de la perspective est de représenter géométriquement toutes les apparences expliquées dans les propositions précédentes.

96. VII. PROP. *Les objets situés sur un terrein exposé à notre vuë, paroissent d'autant plus sombres & confus qu'ils sont plus éloignés. Au contraire ils paroissent avec des couleurs d'autant plus vives & d'autant plus distinctement qu'ils sont plus proches.*

La principale raison de cette apparence, est que la vuë distincte & la vivacité des couleurs dépend principalement de l'intensité de la lumiére, laquelle décroît à mesure que l'objet s'éloigne, par l'interposition de l'air grossier compris entre l'objet & l'œil.

97. C'est pour cela 1°. que les objets un peu élevés au-dessus du terrein, tels que ceux qui sont sur le sommet des hautes montagnes, se voyent bien plus distinctement que ceux qui sont au pied, parce que l'air est d'autant moins grossier, & plus dégagé de vapeurs, qu'il est plus élevé au dessus du terrein. 2°. Que par le moyen du clair & de l'obscur adroitement ménagés, les Peintres font saillir les objets & leur donnent du relief.

98. VIII. PROP. *Les objets paroissent d'autant plus éloignés qu'ils paroissent plus sombres & plus confus, & réciproquement.*

La raison en est qu'étant accoutumés à ne voir que confusément les objets éloignés, nous jugeons éloignés ceux que nous ne voyons que confusément.

99. REM. S'il arrive par quelque cause que ce soit, qu'un objet à la grosseur duquel notre œil est accoutumé, devienne seulement plus sombre & plus confus, nous jugeons aussitôt qu'il est aussi plus éloigné ; & comme il est resté à la même distance, & que par conséquent il forme une image dans notre œil qui n'est pas devenue plus petite, nous jugeons qu'il faut qu'il soit devenu plus gros.

100. De-là on voit facilement 1°. pourquoi pendant la nuit les feux clairs paroissent plus près qu'ils ne sont. 2°. Pourquoi les phantômes de nuit, ou même les objets proches de ceux qui voyagent de nuit, comme les arbres & les maisons, paroissent fort gros, & ces objets paroissent plus loin qu'ils ne sont réellement. 3°. Pourquoi le Ciel nous paroît comme une voûte surbaissée ; car la lumiére des astres étant d'autant plus foible (44.) qu'ils sont plus près de l'horizon, les astres paroissent d'autant plus éloignés de nous qu'ils sont moins élevés sur l'horizon ; ainsi on a trouvé par expérience que la distance apparente de notre œil à l'horizon est à-peu-près triple de la distance apparente au Zenith. Ce surbaissement apparent est tel qu'en voulant assigner à l'estime de la vuë un point dans le Ciel qui soit au milieu entre le Zenith & l'horizon, nous le prenons vers 23 ou 24 dégrés de hauteur ; au lieu que si le Ciel nous paroissoit parfaitement hémisphérique, ce point devroit être à 45 dégrés de hauteur. 4°. C'est encore pour cela que le Soleil & la Lune, en se levant, paroissent à la vuë très-gros ; qu'ils diminuent à mesure qu'ils s'élevent sur l'horizon, quoiqu'en mesurant leurs diametres avec des instrumens astronomiques, on éprouve tout le contraire. Soit AE l'horizon, (F. 6) O le lieu de l'Observateur ; le Soleil à différens dégrés de hauteur dans le Ciel, en BC, DH, FG ; AMRE la figure apparente du Ciel ; il est clair qu'en quelque endroit que soit le Soleil dans le cercle AHGE, dont O est le centre, son diametre paroît sous les angles égaux BOC, DOH, FOG. Mais à cause de la figure surbaissée du Ciel, le Soleil paroît en KI, lorsqu'il est réellement en BC ; en PN & en TS, lorsqu'il est en DH & en FG ; & il semble dans ces lieux apparens être beaucoup plus

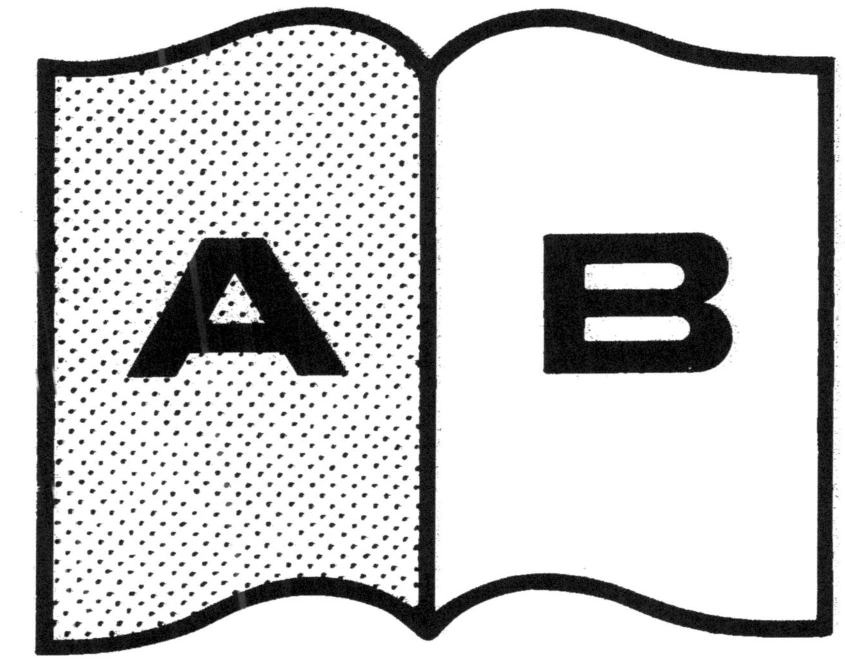

Contraste insuffisant

petit, quoique son diametre soit mesuré par les angles IOK, PON, TOS, égaux aux vrais angles BOC, DOH, FOG.

101. IX. PROP. *Les objets paroissent d'autant plus éloignés & plus gros, qu'on voit un plus grand nombre d'objets & une plus grande étendue de terrein entre l'œil & ces objets; & réciproquement ils paroissent d'autant plus près & plus petits, qu'on voit moins d'objets & de terrein entr'eux & l'œil.*

Car cette grande quantité d'objets & de terrein intermédiaire donne l'idée d'une grande distance, & par conséquent d'une grosseur d'autant plus considérable, & réciproquement.

102. C'est pour cela 1°. que l'horizon paroît contigu au Ciel, parce qu'on ne voit rien entre l'horizon & le Ciel. 2°. Que lorsque l'on ne voit pas un grand vallon qui se trouve dans une plaine, les objets, qui sont au-delà de ce vallon, paroissent plus près de nous que lorsque nous arrivons sur le bord du vallon. 3°. Que le soir on voit que des objets un peu élevés & bien exposés à notre vuë paroissent fort loin & gros; parce que la nuit empêchant de juger de leur distance, par la quantité de terrein compris entr'eux & l'œil, on croit ces objets à l'horizon, & par conséquent fort gros & fort loin.

103. X. PROP. *Nous estimons encore la distance apparente d'un objet hors de la portée ordinaire de notre vuë, principalement par l'idée que nous avons de la grandeur de cet objet; soit que cette grandeur nous soit connue, parce que l'objet nous est familier, soit que cette grandeur ne soit qu'apparente, étant grossie ou diminuée par quelque modification de la lumiére qui nous fait voir l'objet.*

Car on sait que si un objet nous paroît seul, comme un oiseau qui vole assez loin de nous, nous ne pouvons estimer sa distance, à moins que nous ne connoissions sa grosseur. Ainsi, en voyant en l'air une alouette & une aigle, nous assurerons facilement que l'aigle est plus éloigné, quoiqu'il nous paroisse sous un angle plus grand que l'alouette. On sait encore que la Perspective fait illusion à nos yeux; qu'on imagine voir à différentes distances de nous, les objets dont la grandeur nous est connue, parce que nous la comparons à celle qui est peinte sur le Tableau. On sait enfin que les objets grossis

grossis par les louppes de verre, nous paroissent à proportion plus proches.

104. XI. PROP. *Si deux objets inégalement éloignés de l'œil, parcourent des espaces paralleles & égaux dans un même tems, le plus éloigné paroîtra aller plus lentement, & le plus proche aller plus vîte :* ce qui est évident; parce que l'espace décrit par l'objet le plus éloigné, soutendra à l'œil un angle plus petit.

105. REM. Si les directions des vîtesses ne sont pas paralleles, il se pourra faire que le corps le plus proche paroisse aller plus lentement, quoiqu'il aille réellement plus vîte; parce que l'espace qu'il parcourt, peut être si oblique aux rayons visuels qu'ils forment à l'œil des angles plus petits que les espaces plus petits décrits par le corps plus éloigné, mais exposés plus directement à la vuë.

106. XII. PROP. *Un objet mû avec une vîtesse quelconque paroît immobile, si à chaque seconde de tems il décrit un espace qui ne fasse dans l'œil qu'un angle de 15 à 20 secondes.*

Ceci est évident par l'expérience que nous avons, que les astres paroissent n'avoir aucun mouvement sensible à la vuë, quoiqu'à chaque seconde de tems plusieurs d'entr'eux décrivent des espaces qui font dans notre œil un angle de 15 secondes.

C'est par la même raison que sur le cadran d'une Montre de poche, le mouvement de l'aiguille des heures & même celui de l'aiguille des minutes, sont insensibles.

107. REM. On peut estimer le rapport de l'espace réel à la distance de l'œil, pour que le mouvement soit insensible, comme 1 à 1200; c'est-à-dire, qu'un corps qui dans une seconde de tems ne décrit qu'un espace égal à $\frac{1}{1200}$ de sa distance à l'œil, paroît immobile, parce que cet espace ne fait à l'œil qu'un angle de 17 secondes 12 tierces.

108. Par une raison contraire, *un objet qui se meut avec une vîtesse extrême, comme une bale de mousquet, devient invisible;* parce qu'il ne reste pas assez de tems dans chaque endroit pour que la vuë puisse s'y arrêter & l'appercevoir.

109. XIII. PROP. *Deux objets mûs en même sens, & avec*

une égale vîteſſe apparente, paroiſſent immobiles en les comparant à un objet fixe ; & cet objet fixe paroît ſe mouvoir en un ſens contraire, avec une vîteſſe égale à celle des deux objets en mouvement.

Car deux objets qui ſont mûs en même ſens avec une même vîteſſe apparente, paroiſſent ne pas changer de place à l'égard l'un de l'autre ; & comme en changeant réellement de place, ils changent de ſituation par rapport à l'objet fixe, & répondent ſucceſſivement à différentes parties de cet objet, il paroît que c'eſt cet objet fixe qui va en ſens contraire avec la même vîteſſe.

110. C'eſt pour cela 1°. que dans un caroſſe ou dans un vaiſſeau on s'imagine reſter en une même place, & que les objets voiſins vont en ſens contraire : cette illuſion eſt d'autant plus forte que le vaiſſeau eſt plus grand ; car alors toutes les parties de ce vaiſſeau qui environnent le ſpectateur, en très-grand nombre & à différentes diſtances de ſon œil, à l'égard duquel elles gardent toujours une même ſituation, ne doivent pas paroître changer de place, ni ſe mouvoir. En effet, le ſpectateur ne remuant pas la tête, les images que toutes les parties du vaiſſeau expoſées à ſa vuë, forment dans ſon œil, n'y changent pas de place ; elles occupent toujours les mêmes places dans le fond de ſon œil, par conſéquent les parties de ce vaiſſeau doivent non ſeulement paroître réellement fixes, mais même propres à y comparer les autres objets viſibles, pour voir s'ils ſont fixes auſſi. Or, à cauſe du mouvement réel du vaiſſeau, tous les objets qui ſont fixes en dehors, doivent à tout moment changer de diſtance & de ſituation par rapport à l'œil du ſpectateur ; donc les images de ces objets parcourent ſucceſſivement différentes places dans ſon œil ; donc ce ſont ces objets qui doivent paroître avoir tous les mouvemens du vaiſſeau.

111. C'eſt par une ſemblable illuſion que nous ſommes portés à croire que le Soleil & tous les aſtres tournent autour de la terre en 24 heures, & que la révolution du Soleil en un an ſe fait réellement autour de la terre.

112. 2°. Quand les nuages vont fort vîte, la Lune paroît

aller très-vîte dans le ſens opposé, & les nuages paroiſſent tranquilles, parce qu'ils avancent tous enſemble d'un même côté, avec une même viteſſe.

113. PROB. *Etant donnés de poſition le lieu S, (F. 7.) où le Spectateur ſe croit immobile, tant de points A, B, C, qu'on voudra de la route réelle d'un mobile dans un plan quelconque, avec les points a, b, c, où l'œil du Spectateur ſe trouve réellement aux mêmes inſtans, déterminer la route apparente de ce mobile.*

Ayant tiré les droites A*a*, B*b*, C*c*, menez leur par le point S, les paralleles & égales S*α*, S*β*, S*γ*, & les points *α*, *β*, *γ*, ſeront ceux par où paſſera la route apparente du mobile. Car, par exemple, la droite S*α* étant égale & parallele à A*a*, le point *α* eſt ſitué de la même maniére & à la même diſtance du point S, que le point A par rapport au point *a*. Donc le Spectateur imaginant avoir ſon œil en S, doit conſéquemment imaginer que l'objet eſt en *α*. Il en eſt de même des autres points *β*, *γ*, &c.

114. COROLL. I. *Le vrai lieu & le lieu imaginaire de l'œil; le vrai lieu & le lieu apparent de l'objet, forment toujours un parallélogramme.* Le vrai lieu de l'objet & le lieu imaginaire de l'œil ſont toujours aux angles opposés; le lieu apparent de l'objet & le vrai lieu de l'œil ſont aux deux autres angles opposés; ce qui fait que l'*objet paroît toujours dans une ſituation opposée à celle du vrai lieu de l'œil du Spectateur.*

115. COROLL. II. *Si l'objet eſt immobile en* A, *ſa route apparente αβγ* (Fig. 8.) *eſt une ligne égale à la route réelle de l'œil, & ſituée dans un plan parallele.*

Car à cauſe des parallélogrammes *aα*, *bβ*, *cγ*, dont SA eſt une diagonale commune, & en même tems une interſection commune de leurs plans, & dont les baſes S*a*, S*b*, S*c*, ſont ſituées ſur un même plan, qui eſt celui de la route de l'œil, leurs paralleles & égales A*α*, A*β*, A*γ*, doivent être auſſi dans un même plan parallele au plan de la route de l'œil du Spectateur, & former les angles *α*A*β*, *β*A*γ*, égaux aux angles *a*S*b*, *b*S*c*. Donc les points *α*, *β*, *γ*, doivent être dans une ligne égale à la ligne *abc*, & dans un plan parallele, mais dans une situation renversée. Ou si l'objet est placé dans le plan de la route de l'œil, la route apparente de l'objet est aussi dans ce plan.

116. COROLL. III. *Si l'objet étoit immobile & placé dans le lieu où le Spectateur imagine son œil, l'objet paroît à l'extrémité d'un rayon égal & dans la même direction que le rayon tiré du vrai lieu de l'œil à son lieu imaginaire.* Ainsi si l'œil tourne dans un cercle dont l'objet occupe le centre, & où le Spectateur s'imagine être, l'objet paroît décrire le même cercle, mais dans le point diamétralement opposé à celui où est l'œil du Spectateur, & par conséquent avoir la même vitesse que l'œil.

117. XIV. PROP. *Les objets dont les images se peignent sur les parties du fond de chaque œil, qui ne sont pas homologues, paroissent doubles.*

Les objets paroissent simples quoique vûs avec deux yeux, parce que les deux impressions égales faites sur deux fibres homologues & également tendus, ne font sensiblement qu'une même impression. Si les deux images se font sur des fibres qui ne sont pas homologues, les deux impressions seront différentes, & donneront par conséquent l'idée de deux objets.

118. REM. Les deux images se font sur des fibres homologues, lorsqu'on regarde un objet des deux yeux par des rayons qui sont sensiblement paralleles, ou bien lorsque l'on tourne les deux yeux de la même maniére vers l'objet. De-là il arrive que si on a un objet trop près des yeux, il paroît double, parce qu'on ne peut le regarder qu'en inclinant beaucoup les axes de la vision; l'œil gauche voit cet objet à droite, & l'œil droit à gauche, parce que ces deux axes sont inclinés de ces côtés. De même si on contourne les yeux d'une maniére différente, les objets paroissent doubles, parce que les impressions des objets s'y font en différens endroits. Les personnes ivres voyent souvent les objets doubles, parce que tous les fibres de leurs nerfs & de leurs muscles, sont tellement relachés qu'ils ne peuvent leur donner les mêmes mouvemens que lorsqu'ils ne sont pas en cet état; & par conséquent ils ne peuvent souvent tenir leurs yeux dirigés de la

même maniére à un objet. C'est aussi ce qu'on reconnoît facilement en regardant leurs yeux.

119. Dans les passions excessives, comme dans la fureur, on voit quelquefois les objets doubles, parce qu'on n'est plus libre de tourner les yeux comme on veut.

SECONDE PARTIE,

Qui contient la Catoptrique & la Dioptrique.

CHAPITRE PREMIER.

Notions générales sur la Catoptrique & la Dioptrique.

ARTICLE PREMIER.

Des Images & des Foyers.

120. A Cause de l'extrême petitesse des atomes lumineux, il est clair qu'un rayon seul ou même un petit nombre de rayons ne peuvent faire une impression sensible sur l'organe de la vuë, dont les fibres sont très-grossiers, en comparaison des rayons de lumiére. Il faut donc un grand nombre de rayons partis d'une même portion de la surface d'un corps, pour rendre cette portion visible. Mais comme les rayons de lumiére partis d'un même point, vont en s'écartant toujours les uns des autres (8), il a fallu imaginer des moyens de les rapprocher, de les réunir en un point donné, même de les écarter à volonté : ce sont ces moyens qu'enseignent la Dioptrique & la Catoptrique ; elles y employent les verres & les miroirs.

121. On peut donc à l'aide des verres & des miroirs réunir en un même point sensible, un très-grand nombre de rayons partis d'un même point d'un objet : & parce que chaque rayon porte avec lui l'image du point d'où il est parti (34), tous ces rayons réunis en un point ne peuvent manquer d'y former une image du point de l'objet d'où ils sont partis ; cette image est d'autant plus vive, qu'il y aura plus de rayons réunis ; & d'autant plus distincte, qu'ils auront mieux conservé dans leur réunion l'ordre dans lequel ils sont partis ; elle est si sensible, qu'en plaçant un plan poli & blanchi à l'endroit où la réunion s'est faite, on la voit peinte avec toutes ses couleurs, surtout si le lieu, où l'expérience se fait, ne reçoit point d'autre lumiére.

122. Le point de réunion des rayons de lumiére formée par le moyen d'un verre ou d'un miroir, s'appelle le foyer de ce verre ou de ce miroir. Si cette réunion est réelle, le foyer s'appelle *foyer réel*, ou simplement *foyer* : c'est le lieu où se fait l'image de l'objet qui envoye la lumiére, & vers lequel l'objet paroît être réellement, si plusieurs des rayons qui se sont croisés en passant par ce foyer, viennent à entrer dans un œil. Si ce point de réunion n'est autre chose que le point auquel tendent toutes les nouvelles directions qu'on a fait prendre à des rayons qu'on a dispersés par le moyen d'un verre ou d'un miroir, ce point s'appelle *foyer imaginaire*. C'est aussi le lieu vers lequel l'objet paroît être réellement, lorsque plusieurs des rayons qui ont été dispersés, entrent dans un œil en assez grande quantité, pour y former une image sensible de l'objet. Car un objet paroît toujours être vers l'endroit d'où sa lumiére paroît venir à notre œil. (21)

123. De ce que chaque rayon porte avec lui l'image de l'objet d'où il est parti, il suit que *si des rayons après s'être entrecoupés, & avoir formé une image à leur intersection, se trouvent encore réunis par quelque réfraction ou réflexion, ils y forment encore une nouvelle image ; & ainsi de suite, tant que leur ordre ne sera pas confondu* : on peut donc former autant d'images d'un même objet qu'on pourra réunir de

fois les rayons qui en sont partis, sans les confondre.

124. Il suit encore que *tant qu'il ne s'agira que de la marche des rayons lumineux, on peut regarder l'image comme l'objet, & l'objet comme l'image; & même une seconde image, comme si la premiere image eut été l'objet qui l'eût produite, & ainsi de suite.*

125. Si les rayons d'un faisceau sont inclinés les uns aux autres, on les appellera *divergens* ou *convergens*, selon qu'on les considérera comme s'écartant d'un point de réunion, ou se rapprochans pour se réunir: d'où on voit qu'un foyer est le passage de la convergence à la divergence, & réciproquement.

ARTICLE II.

Loix ou Principes tirés de l'expérience, sur lesquels on fonde les démonstrations de la Dioptrique & de la Catoptrique.

126. I. Loi. *Tout rayon lumineux qui traversant un milieu, en rencontre un autre de différente densité ou de différente nature, il change de direction: s'il ne peut pénétrer ce milieu, il se réflechit à sa surface; s'il le peut pénétrer, il se brise ou se réfracte en y entrant.*

Soit AC (Fig. 9) un rayon qui tombe de l'air sur la surface PQ d'un morceau solide de glace PS: par le point C (où la surface du nouveau milieu est rencontrée par le rayon AC, & qu'on appelle à cause de cela *le point d'incidence*) élevez la droite MD, perpendiculaire à la surface (on l'appelle quelquefois le *cathete d'incidence*), & l'angle ACM, ou son égal DCB, s'appellent l'*angle d'incidence*. Si le rayon *incident* AC, rencontre une partie solide du verre qui l'empêche d'y pénétrer, il change de direction en se réfléchissant, & il prend sa route le long de CI: & alors l'angle MCI, s'appelle l'*angle de réflexion*. Mais si le rayon incident AC peut entrer dans le verre, au lieu de suivre sa premiere direction CB, il se détourne ou se réfracte en prenant sa route le long de CT. Alors l'angle DCT, s'appelle *l'angle brisé*, & l'angle TCB, s'appelle *l'angle de réfraction*; CT s'appelle *le rayon brisé* ou *réfracté*, BE *le sinus de l'angle d'incidence*, & TH *le sinus de l'angle brisé*.

127. II. LOI. *Un point lumineux qui à la rencontre de différentes surfaces ou milieux auroit souffert toutes les réfléxions, réfractions, inflexions, &c. qu'exigent la nature de ces milieux & la position de leurs surfaces, rebrousseroit précisément par la même route & avec la même vitesse, s'il se trouvoit un obstacle qui l'obligeât de prendre une direction précisément opposée.*

Ainsi un rayon TC qui traverseroit le verre PS, rencontrant sa surface PQ, prendroit sa route le long de CA: ou ce qui revient au même, un rayon AC qui se feroit brisé en CT, & qui seroit repoussé en T, dans la direction TC, sortiroit du verre en prenant la direction CA.

128. III. LOI. *L'angle de réflexion ou de réfraction est dans le même plan que l'angle d'incidence, & ce plan est perpendiculaire à la surface du milieu*: car sa position est déterminée par le cathete d'incidence, qui est perpendiculaire à cette surface.

129. IV. LOI. *Le sinus de l'angle de réflexion ou de réfraction d'un rayon, est dans un rapport constant avec le sinus de son angle d'incidence.*

Dans la réflexion ce rapport est à-peu-près celui d'égalité: de sorte cependant que le sinus de l'angle de réflexion est tant-soit-peu plus grand que celui d'incidence; & il est de plus en plus grand, selon l'ordre des couleurs des rayons, comme on verra dans la suite (286). En attendant nous supposerons le rapport d'égalité.

130. Le rapport du sinus de l'angle brisé au sinus de l'angle d'incidence est, lorsque le point lumineux passe de l'air dans l'eau, à-peu-près comme 3 à 4, de l'air dans le verre, comme 2 à 3, ou plus exactement comme 20 à 31: du verre dans l'eau, comme 8 à 9, &c. & réciproquement le sinus de l'angle brisé est à celui de l'angle d'incidence, dans le passage

de l'eau dans l'air, comme 4 à 3 : du verre dans l'air, comme 3 à 2, &c.

131. COR. I. *Lorsqu'un rayon incident est perpendiculaire à la surface du milieu qu'il rencontre ; ou il se réflechit sur lui-même, ou il traverse le milieu sans se briser.* Car alors le sinus de l'angle d'incidence étant =0, le sinus de réflexion ou de l'angle brisé est =0 : ou ce qui est le même, le rayon reste toujours confondu avec le cathete d'incidence.

132. COR. II. *Sous quelque angle d'incidence qu'un rayon rencontre un milieu pénétrable à la lumiére, il peut toujours être réfléchi, s'il ne le pénétre pas ; mais lorsque le sinus de l'angle d'incidence doit, par la nature du milieu, être plus grand que le sinus de l'angle brisé, le rayon ne peut pas toujours pénétrer ce milieu en se réfractant* ; ou ce qui est le même, *il y a toujours de certaines limites dans les angles d'incidence, au-delà desquelles un rayon ne peut plus être réfracté, ni par conséquent sortir du milieu dans lequel il est, pour entrer dans celui qu'il rencontre.* Car si un point lumineux tombe de l'air sur une surface d'eau, avec un rayon d'incidence de près de 90°, l'angle de réfraction sera d'environ 48° $\frac{1}{2}$, puisqu'alors le sinus total ou le sinus d'incidence, est au sinus de l'angle brisé comme 4 à 3 ; ce qui donne cet angle brisé d'environ 48° $\frac{1}{2}$: Donc si un rayon avoit à passer de l'eau dans l'air, sous un angle d'incidence de 48° $\frac{1}{2}$, il sortiroit de l'eau en rasant sa superficie, & sous un angle brisé de près de 90° : mais si ce rayon avoit à passer sous un angle d'incidence de plus de 48° $\frac{1}{2}$, le sinus de son angle brisé devroit être plus grand que le sinus total ; ce qui est impossible. Il est donc impossible que le rayon sorte ; & l'expérience apprend que ce rayon se réfléchit alors sur la surface commune de l'air & de l'eau, & reste dans l'eau. On peut faire le même raisonnement pour les autres milieux, & déterminer les limites des réfractions possibles par le rapport donné des sinus des angles d'incidence & de réfraction.

Nous ne parlerons dans la suite que des surfaces planes ou sphériques, parce que ce sont les seules qui soient en usage dans la pratique des Arts.

CHAPITRE II.

De la Catoptrique.

ARTICLE I.

Des images ou Foyers par réflexion.

133. PROB. *Etant donnés un point ou objet quelconque* O, *situé sur l'axe* AO *d'un miroir sphérique quelconque* MAB *concave* (Fig. 10 & 11) *ou convexe* (Fig. 12), *& un rayon incident* OM, *infiniment proche de l'axe* AO, *trouver le point* F *de l'axe par où passe le rayon réfléchi au point* M.

SOLUTION. Tirez au centre C, de la surface sphérique, la droite MC, laquelle étant (Elem. 459) perpendiculaire à la surface du miroir, au point d'incidence M, est le cathete d'incidence. L'angle OMG ou CME, est donc l'angle d'incidence; & en faisant CMF = OMG, le rayon réfléchi est MD, qui va rencontrer l'axe OA en F.

134. Pour trouver une expression analytique de AF, ou de son égale MF, (puisque OM & OA sont infiniment proches) : soit OA ou MO, distance de l'objet au miroir, $= \pm d$ ($+d$ quand le miroir est concave, & $-d$ quand il est convexe, ces signes sont ainsi déterminés par la position du rayon incident OM, à l'égard du demi-diametre AC du miroir.) soit $AC = r$, & FA ou $FM = f$. On a donc $FC = r - f$ (Fig. 10 & 12) ou $= f - r$ (Fig. 11), & $CO = -r + d$ (Fig. 10) ou $= r - d$ (Fig. 11) ou $= r + d$ (Fig. 12) or (Elem. 560) CO : CF :: MO : MF : ou (F. 10 & 11) $\mp r \pm d : \pm r \mp f :: d : f$; d'où on tire la formule générale pour les miroirs concaves $f = \frac{dr}{2d - r}$. Et dans la (F. 12), dans le triangle CMO, on a (El. 746) CO : MO :: sinCMO ou FMC : sinMCO ou MFC; or dans le triangle FMC, on a aussi sinFMC : sinMCF ::

CF : FM : donc CO : CF : : MO : MF ou $r + d : r - f$: : $d : f$: d'où on déduit la formule des miroirs convexes $f = \frac{dr}{2d+r}$. De forte que la formule générale pour toutes fortes de miroirs sphériques est $f = \frac{dr}{2d \mp r}$.

135. REMARQUE I. Cette formule ne donne exactement la valeur de AF qu'autant que le rayon incident OM est très-proche de l'axe OA, ou que la surface AM du miroir comprise entre le rayon incident & l'axe AO, qui passe par l'objet O, est une plus petite partie de la surface totale de la sphere : ainsi MF (Fig. 10 & 12.) étant toujours (Elem. 546) plus grand que AF, plus le rayon incident OM tombe loin du point A, plus le rayon réflechi MF va rencontrer l'axe AF proche du point A.

REM. II. On peut à l'aide de la Trigonométrie rectiligne calculer rigoureusement la valeur de AF, en connoissant celle de l'arc AM. Car dans le triangle OCM, on connoît OC, CM, & l'angle MCO mesuré par AM : on peut donc (Elem. 760) en conclure les angles COM, CMO & le côté MO. Ensuite dans le triangle FMO on a MO, l'angle FOM, & l'angle FMO double (ou supplément du double, Fig. 12) de l'angle CME, on aura donc par le calcul le côté OF, & par conséquent AF.

Si le rayon incident OM étoit parallele à l'axe OA ; c'est-à-dire, si l'objet étoit à une distance infinie, l'angle EMC seroit égal à l'angle FCM, & le triangle CMF seroit isoscèle, ses deux angles égaux étant mesurés chacun par l'arc AM. Soit, par exemple, CM = 6 pieds, & l'arc AM de 1 degré, on trouvera FA de 2,99964 pieds. Si AM est de 10 degrés, on aura AF de 2,95372 pieds : si AM est de 30 degrés, alors AF est de 2,53589 pieds.

136 COROL. I. Puisque toute la lumiére qui part de l'objet O, & qui tombe sur le miroir à peu de distance du point A, va dans les miroirs concaves passer par le point F de l'axe, ou du moins fort près de ce point F, il suit de-là qu'il doit se former au point F une image sensible de l'objet O. Dans les

miroirs concaves la réflexion disperse les rayons qui partent du point O, & les dirige au point F; de sorte que la lumiére réfléchie qui entre dans l'œil fait voir l'objet vers F.

137. COROLL. II. Puisque l'image de l'objet O est placée sur l'axe de la sphere qui passe par ce point O, il suit que s'il se rencontre quelque obstacle qui empêche de tirer une droite de l'objet au centre de la sphere, il ne peut se former d'image de l'objet. De même, dans quelque endroit qu'un œil se place pour voir son image dans un miroir, il ne la voit que dans une ligne qui passe par le centre du miroir.

138. REM. III. Si l'objet O envoye des rayons de lumiére en assez grande quantité pour exciter une chaleur sensible sans être réunis, tels que sont ceux du Soleil, d'un flambeau, d'un charbon, &c. il est clair qu'étant réunis par le moyen d'un miroir concave, ils doivent produire une chaleur proportionnelle à leur densité & à la chaleur particuliere des rayons incidens. Et c'est là d'où vient le nom de foyer au point de réunion.

ARTICLE II.

Du Lieu, de la Situation, & de la Marche des Images par Réflexion.

139. EN faisant différentes suppositions sur les différentes distances auxquelles un objet exposé à la surface réfléchissante d'un miroir sphérique, en peut être éloigné, on trouvera facilement le lieu de son image par le moyen de la formule générale de l'article précédent. Supposons donc un objet qui étant placé sur la surface d'un miroir, s'en écarte ensuite jusqu'à l'infini.......

140. I°. *Quand la distance au miroir est infiniment petite, l'image est infiniment proche derriere le miroir.* Car à cause de $\pm d = \frac{1}{\infty}$, $f = \frac{dr}{2d \mp r}$ devient $f = \frac{1}{\mp \infty}$. Le signe — fait voir que pour le miroir concave l'image est du côté opposé

à la direction du demi-diametre de concavité qu'on a supposé $= + r$: & par conséquent elle est derriere le miroir : & le signe $+$ fait voir que pour le miroir convexe, l'image est du côté du centre de convexité, dont le demi-diametre a été supposé $= + r$. Et comme il est évident que quelque valeur qu'on suppose à d dans la formule $f = \frac{dr}{2d + r}$, la valeur de f ne peut devenir négative, il suit que *dans le miroir convexe, l'image est nécessairement du côté du centre de convexité, à quelque distance qu'on suppose l'objet* : ce qu'il faut remarquer pour toute la suite de cet article.

141. II°. *A mesure que la distance de l'objet au miroir croît depuis 0 jusqu'à une quantité égale au quart de l'axe de sphéricité ou à la moitié du demi-diametre, l'image s'éloigne derriere le miroir. Dans le concave elle s'éloigne depuis 0 jusqu'à ∞, & dans le convexe depuis 0 jusqu'à $\frac{1}{4}$ de l'axe.* Car 1°. en supposant d plus petit que $\frac{1}{2} r$, ou $2d$ plus petit que r, on voit que $2d - r$ est une quantité négative ; donc dans le miroir concave f est aussi négatif, & l'image derriere le miroir. 2°. Mais si on fait $d = \frac{1}{2} r$, la formule du miroir concave devient $f = \frac{\frac{1}{2} rr}{0} = \infty$, ce qui fait voir que *l'objet étant placé à une distance égale au quart de l'axe, l'image en est infiniment éloignée* ; ou ce qui est la même chose, *les rayons de lumiere qui vont de l'objet au miroir s'y réfléchissent parallelement entr'eux* ; ils ne peuvent par conséquent se réunir qu'à une distance infinie du miroir. Mais parce qu'on n'a pas plus de raison de supposer que des paralleles se réunissent à l'infini, plutôt vers une de leurs extrémités que vers l'autre, & que par conséquent on est en droit de supposer qu'étant prolongées de part & d'autre à l'infini, elles se réunissent de part & d'autre, il suit que dans le cas dont il s'agit ici, c'est-à-dire, que lorsque l'objet est situé à la distance de $\frac{1}{4}$ de l'axe d'un miroir concave, son image en est infiniment éloignée tant en deçà du miroir qu'au-delà.

142. A l'égard du miroir convexe, on voit qu'en supposant $= d = \frac{1}{2} r$, on a $f = \frac{1}{4} r$.

143. III°. *La distance de l'objet au miroir croissant depuis $\frac{1}{4}$ de l'axe jusqu'à $\frac{1}{2}$ de l'axe, c'est-à-dire, jusqu'à une distance égale au demi-diametre de sphéricité, l'image dans le miroir concave est en-deçà; elle s'approche du miroir depuis l'infini jusqu'à parvenir au centre : & dans le miroir convexe, l'image s'écarte derriere le miroir depuis $\frac{1}{8}$ de l'axe jusqu'à $\frac{1}{6}$.*

Car on voit que tant que d sera plus grand que $\frac{1}{2}r$, ou $2d$ plus grand que r, la formule du miroir concave ne peut devenir négative ; ainsi l'image sera toujours du côté de la concavité : & si on met la formule en proportion $d : 2d - r :: f : r$. A cause de d plus grand que $\frac{1}{2}r$ & moindre que r, l'antécedent d est plus grand que le conséquent $2d - r$; donc f est plus grand que r : (Elem. 306) donc l'image est au-delà du centre. Et si $d = r$, alors $2d - r = d$, & $f = r$. Donc *dans le miroir concave l'objet étant au centre, l'image y est aussi* ; au lieu que dans le miroir convexe faisant $-d = r$, on a $f = \frac{1}{3}r$.

144. De-là on voit pourquoi si on place son œil devant un miroir concave entre le $\frac{1}{4}$ de l'axe & le centre, on n'en peut voir l'image en aucune maniére, parce qu'elle est derriere l'œil, à l'infini quand l'œil est au $\frac{1}{4}$ de l'axe, & confondue avec l'œil, quand l'œil est au centre. Dans ce dernier cas l'œil se voit dans toutes les parties du miroir, sans qu'aucune des parties de l'œil paroisse terminée ; tout y est donc confus.

145. IV°. *La distance de l'objet au miroir croissant depuis le demi-diametre de sphéricité jusqu'à l'infini, l'image s'avance vers le miroir concave, depuis le centre jusqu'au $\frac{1}{4}$ de l'axe, & s'éloigne derriere le miroir convexe depuis $\frac{1}{6}$ jusqu'à $\frac{1}{4}$ de l'axe.* Car alors r étant plus petit que d, dans la proportion $d : 2d - r :: f : r$ l'antécédent d est plus petit que le conséquent $2d - r$: donc f est plus petit que r. Et si on fait $d = \infty$, la formule générale devient $f = \frac{1}{2}r$.

146. THEOREME. *Si un arc de cercle* OPQ (F. 13 & 14) *concentrique à un miroir sphérique* BAD *sert d'objet exposé à ce miroir ; 1°. l'image* opq *est aussi un arc de cercle concentrique ; 2°. le rayon de cette image circulaire est plus ou moins grand,*

& par conséquent (Elem. 581) *l'image elle-même est plus ou moins grande, selon que l'image sera plus près ou plus loin du centre C du miroir.* 3°. *Cette image sera droite ; c'est-à-dire, sa situation sera la même que celle de l'objet, tant que l'image & l'objet seront du même côté, par rapport au centre du miroir : au contraire, l'image sera renversée, ou dans une situation opposée à celle de l'objet, si le centre C se trouve entre deux.*

Car puisque OPQ est concentrique à BAD, les droites OB, PA, QD, qui passent par le centre C, & sur lesquelles sont situées les images *o*, *p*, *q*, des points O, P, Q, sont égales entr'elles : donc *d* qui exprime leur valeur dans la formule générale, est une quantité constante, aussi bien que *r* : donc *f* est aussi une quantité constante ; c'est-à-dire, que les droites *o*B, *p*A, *q*D sont égales. Donc *opq*, OPQ, BAD, sont des arcs concentriques.

147. Cela posé, il est évident 1°. que lorsque l'image & l'objet sont du même côté, par rapport au centre, comme dans la Fig. 14 l'image est située de la même maniére que l'objet ; puisque chaque point de l'image est sur le même demi-diametre qui passe par le point correspondant dans l'objet. Mais que si l'image est au-delà du centre, à l'égard de l'objet, (F. 13) les droites sur lesquelles sont les images de chaque partie de l'objet, passant nécessairement par le centre du miroir, celles qui étoient parties d'un point pris au-dessus de l'axe qui passe par le milieu de l'objet, se trouvent au-dessous, après avoir passé par le centre, & réciproquement. Donc si une de ces droites qui sont au-dessus de cet axe, part de la partie supérieure de l'objet, laquelle est par conséquent située aussi au-dessus de l'axe, l'image de cette partie doit-être au-dessous, parce qu'elle ne se forme sur cette droite qu'après que cette droite a passé par le centre : donc cette image est renversée à l'égard de l'objet.

148. 2°. Il est évident aussi que l'image totale d'un objet étant renfermée entre des lignes qui concourent au centre, elle doit être d'autant plus petite, qu'elle est plus près du centre du miroir, & réciproquement.

149. COROLL. I. *Dans le miroir convexe, l'image d'un*

objet formé en arc concentrique au miroir est toujours droite ; puisqu'elle est toujours en-deçà du centre aussi bien que l'objet ; *& elle décroît à mesure que l'objet s'éloigne*, puisqu'elle s'approche de plus en plus du centre. *Dans le miroir concave l'image est droite & va en croissant, à mesure que l'objet va de la surface du miroir au $\frac{1}{4}$ de l'axe ; elle décroît & est renversée lorsque l'objet va du quart de l'axe au centre ; elle croît ensuite, & est encore renversée à mesure que l'objet va du centre jusqu'à l'infini.* Il faut remarquer, principalement dans ce dernier cas, que si l'objet n'augmente pas, mais s'il prend seulemet une figure concentrique, à mesure qu'il s'éloigne, son image doit décroître à proportion.

150. COROLL. II. *Plus le rayon de la sphéricité du miroir sera petit, plus les images seront petites ; toutes choses d'ailleurs égales.*

151. REMARQUE. Ce Théorême ne peut s'appliquer rigoureusement à toutes sortes d'objets exposés à un miroir sphérique : cependant en les supposant assez petits pour qu'on puisse prendre leur largeur pour un arc concentrique au miroir, on pourra à l'aide de ce qui a été expliqué dans cet article, faire entendre 1°. pourquoi les images des objets exposés à un miroir sphérique, sont tantôt plus, tantôt moins grandes que les objets. 2°. Pourquoi elles sont tantôt droites & tantôt renversées. 3°. Pourquoi elles paroissent se rapprocher de l'objet, quand l'objet s'éloigne du miroir concave, &c.

152. On voit aussi que les images des objets dont la surface n'est pas sphérique-concentrique, doivent être d'autant plus défigurées ou d'autant moins semblables aux objets, que leur surface est plus grande, & que le demi-diametre de sphéricité du miroir est plus petit. Car, par exemple, une ligne droite exposée à un miroir sphérique, doit avoir une image courbe, parce que les points de cette ligne droite étant à inégales distances du miroir, les images de ces points en sont aussi à inégales distances ; mais ces inégalités ne sont pas dans un même rapport. Ces images sont aussi d'autant plus défigurées que l'objet est plus près du quart de l'axe du côté du miroir concave ; car alors les images sont fort grandes ; & un peu

peu plus ou un peu moins de distance au miroir dans les différentes parties de l'objet, cause de grandes différences de distances & de grandeurs dans les images de ces parties.

ARTICLE III.

Application de la Théorie précédente aux Miroirs plans.

153. Il est aisé de déduire de la formule générale les propriétés des miroirs plans, en supposant que ce sont des miroirs sphériques, dont le demi-diametre de sphéricité est infini ; c'est-à-dire, en faisant $r = \infty$. Alors la formule $f = \frac{dr}{2d-r}$ devient $f = -d$. Ce qui fait voir que *les images qu'on voit par le moyen des miroirs plans, sont toujours autant au-delà du miroir que l'objet est en-deça, qu'elles sont toujours droites.* Et parce que dans les miroirs sphériques l'image de chaque point d'un objet est dans la droite qui passe par ce point & par le centre, laquelle est par conséquent perpendiculaire à la surface du miroir ; *l'image de chaque point d'un objet placé devant un miroir plan, est dans la perpendiculaire tirée de ce point, sur la surface du miroir.* Enfin, à cause que les perpendiculaires tirées des extrémités de l'objet sur le miroir, sont paralleles entr'elles, & ne peuvent par conséquent se réunir qu'à une distance infinie où est le centre de sphéricité du miroir, *les images comprises entre ces droites, sont égales à l'objet dans toutes leurs dimensions.*

154. On pourroit par de semblables raisonnemens déduire les autres propriétés générales des miroirs plans ; mais comme ces sortes de miroirs sont d'un usage plus familier que les autres, il est à propos d'entrer ici dans quelque détail.

155. THEOREME I. *Dans un miroir plan placé horizontalement, les objets droits paroissent renversés, & réciproquement. Si le miroir est incliné, tous les objets paroissent inclinés.*

en sens contraire. Si le miroir est incliné de 45°, les objets posés verticalement, paroissent posés horizontalement, & les objets horizontaux paroissent verticaux, &c.

Tout ceci est une suite de ce que les parties d'un objet les plus voisines du miroir ont leurs images au-delà du miroir, les plus proches aussi du miroir ; & les parties d'un objet les plus éloignées du miroir, ont leurs images plus loin derriére le miroir. En faisant des figures particulieres pour tous les cas énoncés dans le Théorême, on en trouvera facilement la démonstration.

156. THEOREME. II. *La droite de l'image d'un objet vû dans un miroir, paroit à la gauche, & la gauche paroit à la droite.*

C'est une suite de ce que les images sont posées de la même maniére que les objets : les images des parties à droite sont à droite, &c. Or quand nous regardons une personne en face, sa droite est vis-à-vis de notre gauche, & réciproquequement. Etant accoûtumés de voir ainsi les objets sans miroir, lorsque nous voulons porter la main à gauche, en nous regardant dans un miroir, nous la portons à droite ; au lieu de la porter en avant, nous la portons en arriére, de sorte qu'il faut une habitude particuliére pour s'aider d'un miroir.

157. THEOREME III. *L'image d'un objet posé parallelement à la surface d'un miroir plan, paroît n'occuper dans le miroir qu'un espace égal à la moitié de celui que l'objet occupe.*

DEM. Soit AB (Fig. 15.) une dimension quelconque d'un objet parallele au miroir IG ; soit *ab* l'image de AB : d'un point quelconque P, pris sur AB, tirez P*a*, P*b* ; il est clair que IE est la partie du miroir occupée par l'image *ab*, & qu'à cause que IG est précisément au milieu, entre AB & *ab*, la partie IE n'est que la moitié de *ab* ou de AB.

158. SCHOLIE. Ainsi pour se voir tout entier dans un miroir posé verticalement, il faut que ce miroir ait au moins la moitié de la hauteur & de la largeur de celui qui s'y regarde en se tenant debout ; de sorte que si un Spectateur debout ne peut voir qu'une partie de son image dans un miroir posé verticalement, parce que le reste est caché par les

bordures, il ne pourra jamais en voir davantage, soit qu'il s'éloigne ou qu'il s'approche du miroir.

159. THEOREME IV. *Si un miroir tourne sur un axe, le mouvement angulaire des images est double de celui du miroir.*

DEM. Soit AB (Fig. 17.) la situation du miroir, OE un rayon incident, EF le rayon réfléchi : que le miroir tourne ensuite sur un axe qui passe par le point E, & prenne la situation CD ; alors le rayon incident OE aura EG pour rayon réfléchi. Je dis que l'angle FEG, qui exprime le mouvement angulaire, ou la quantité dont le rayon réfléchi EG s'est écarté de sa premiere situation EF, est double de AEC, qui est le mouvement angulaire du miroir. Car le cathete d'incidence est toujours au milieu entre le rayon incident & le rayon réfléchi ; & comme il est toujours perpendiculaire au miroir, il a le même mouvement angulaire que le miroir. Si donc le mouvement angulaire du miroir le porte vers le rayon incident, il en écarte d'autant le cathete ; & en même tems le rayon réfléchi s'écarte du cathete de la même quantité, afin que ce cathete reste au milieu. Donc le rayon incident se trouve écarté du rayon réfléchi d'une quantité double du mouvement angulaire du miroir.

160. SCHOLIE. Si donc on fait faire un quart de cercle à un miroir, le rayon réfléchi décrira un demi-cercle. Et c'est par cette raison qu'on fait aller si vîte les images du Soleil présenté au miroir ; de même les images du Soleil réfléchies par une eau presque dormante, paroissent toujours très-agitées, surtout lorsqu'elles sont reçues un peu loin du point d'incidence, &c.

161. THEOREME V. *Les miroirs faits avec une glace dont la surface postérieure est étamée, présentent deux images d'un même objet, l'une antérieure & foible, l'autre plus éloignée & plus vive ; & la distance de ces deux images est égale au double de l'épaisseur de la glace.*

Cette apparence vient de ce que la surface antérieure de la glace étant solide & polie, est elle-même un miroir, qui en renvoyant tous les rayons qui ne traversent pas la glace, forme une foible image de l'objet. Cette foible image est d'autant plus ſenſible, qu'on regarde plus obliquement ; car quand on regarde perpendiculairement, elle eſt couchée & comme confondue avec la vive image formée par la ſurface étamée. Si *d* exprime la diſtance de l'objet à la ſurface antérieure, & *e* l'épaiſſeur de la glace, la diſtance de l'objet à l'image vive ſera (153) $= 2d + 2e$, & celle de l'image foible à l'objet ne ſera que $= 2d$.

162. THEOR. VI. *Tant de miroirs plans qu'on voudra, poſés dans un même plan, ne peuvent donner qu'une image d'un même objet.*

Car tous ces miroirs ne font alors l'effet que d'un ſeul miroir ; & parce que l'image eſt toujours ſur le cathete d'incidence tiré de l'objet ; comme on ne peut mener d'un point qu'une ſeule perpendiculaire ſur un plan (Elem. 634), on ne peut donc former qu'une ſeule image.

163. THEOR. VII. *Si un œil eſt en* I (Fig. 16.), *au dedans d'un angle quelconque* ABC, *formé par deux miroirs plans* AB, BC ; *il verra autant d'images d'un objet* O, *placé auſſi en dedans de cet angle, qu'on pourra abaiſſer ſucceſſivement de l'objet & de chacune de ſes images, des perpendiculaires ſur chaque miroir en-deçà de l'angle* B.

DEM. 1°. Ayant abbaiſſé de l'objet O le cathete OD ſur le miroir BC, & pris ND = NO, le point D ſera le lieu d'une image : car ſi de l'œil I on tire ID, & ſi par *g*, où elle rencontre le miroir, on mene *g*O, ce ſera le rayon incident dont I*g* ſera le réfléchi, par lequel l'œil voit l'image qui eſt en D, à cauſe des triangles rectangles égaux D*g*N, O*g*N, qui donnent l'angle O*g*N = D*g*N = B*g*I. 2°. Si du point D on abbaiſſe ſur le miroir AB, la perpendiculaire DE, en prenant *k*E = *k*D, le point E eſt le lieu d'une ſeconde image, dont l'image en D tient lieu de l'objet. Car à cauſe de ON = ND, & des triangles égaux ON*f*, DN*f*, le rayon incident O*f* ſe réfléchit en *fi* ; & à cauſe des triangles rectangles égaux D*ki*, E*ki*, le rayon *fi* ſe réfléchit en *i*I, & arrive par conſéquent à l'œil en I. 3°. Si du point E on abbaiſſe ſur le miroir BC le cathete EQ, & ſi on prend QF = EQ, le point F ſera le lieu d'une troiſiéme image, dont l'image en E tient lieu de l'objet. Car à cause des triangles rectangles égaux O*d*N, ND*d* : D*rk*, *rk*E ; FQ*b*, *b*QE, on voit que le rayon incident O*d* se réfléchit en *dr*, puis en *rb*, enfin en *b*I, où il arrive à l'œil. 4°. Si du point F on abbaisse une perpendiculaire sur le miroir AB, on trouvera qu'elle passe au-delà en FG, & que par conséquent il n'y a plus de cathete d'incidence ni d'image.

164. On sera voir de même qu'il y a en H une image de l'objet O, vûe par le rayon I*h*, réfléchi du rayon incident O*h* : qu'il y en a une seconde en K, vûe par le rayon *c*I, réfléchi de *ct*, réfléchi du rayon incident O*t* : qu'il y en a une troisiéme en L, vûe par le rayon incident O*l*, réfléchi en *la*, puis en *ak*, ensuite en *k*I. Qu'enfin il ne peut y en avoir davantage, parce que la perpendiculaire LM abbaissée de la derniere image, tombe en dehors du miroir

165. COROLL. I. Il est aisé de voir par la construction, qu'*une premiere image se voit par un rayon réfléchi, une seconde par deux, une troisiéme par trois*, &c.

166. COROLL. II. *La distance de chaque image à l'œil, est égale à la somme de son rayon incident, plus ses rayons réfléchis.* Par exemple, $IF = Od + dr + rb + bI$. Car $IF = Ib + bF$, $bF = bE = br + rE$, & $rE = rD = rd + dD$, enfin $dD = dO$: donc $IF = Ib + br + rd + dO$. Ainsi *les images s'éloignent à mesure qu'elles se répétent.*

167. COROLL. III. *La premiere image est plus vive que la seconde, la seconde plus que la troisiéme, & ainsi de suite* ; tant parce que l'intensité de la lumiére décroît dans toute cette marche, que parce qu'il se perd une quantité prodigieuse de rayons à chaque réflexion.

168. COROLL. IV. *Plus l'angle des deux miroirs sera grand, moins il pourra y avoir d'images.* Car les cathetes d'incidence s'écartant les uns des autres, par un mouvement angulaire égal à celui des miroirs qu'on écarte, ils se portent de plus en plus vers le sommet de l'angle des miroirs, & tombent successivement en dehors, où ils ne peuvent plus contenir des images. Ainsi, *plus on ouvre l'angle formé par*

deux miroirs, plus les images paroissent s'approcher de cet angle, pour se confondre, puis se cacher ensuite derriere : en sorte que lorsque l'angle des miroirs est devenu droit, il ne peut y avoir plus de deux images ; & que quand il est devenu infiniment obtus, il ne peut plus y en avoir qu'une, parce que (162.) le nombre des images dépend toujours du nombre des perpendiculaires qu'on peut abbaisser de l'objet ou des images de l'objet sur les deux miroirs.

169. COROLL. V. *Si deux miroirs sont paralleles, & si l'œil & l'objet sont dans une même perpendiculaire au plan de ces deux miroirs, l'objet a une infinité d'images,* mais elles vont toujours en s'éloignant & en s'affoiblissant, de sorte qu'elles ne sont bien-tôt plus sensibles.

ARTICLE IV.

Des Miroirs Cylindriques, Coniques, &c.

170. LEs miroirs cylindriques, coniques, prismatiques & pyramidaux, ne sont guère que de pures curiosités ; ils servent à défigurer les objets auxquels on les présente, ou à faire paroître réguliere l'image d'un objet défiguré exprès.

171. Les miroirs prismatiques & pyramidaux n'étant que des miroirs plans verticaux & inclinés, ils n'ont pas besoin d'une explication particuliere. Les cylindriques doivent être considerés comme un assemblage de miroirs en partie plans & droits, en partie sphériques ; & les coniques sont des miroirs en partie plans & inclinés, & en partie sphériques : de sorte qu'en combinant les propriétés des miroirs plans avec celles des sphériques, on concevra aisément les raisons des dépravations des images régulieres, & réciproquement.

172. Par exemple, un objet régulier étant présenté verticalement devant un miroir cylindrique, posé aussi verticalement, on voit que toutes les dimensions verticales de l'objet ne doivent pas être défigurées, à quelque distance du miroir

que l'objet ſoit, puiſque ces dimenſions ſe préſentent devant des miroirs plans & verticaux ; mais que les dimenſions horizontales doivent être défigurées, à proportion qu'elles ſont plus ou moins éloignées d'être concentriques au miroir, & qu'elles en ſont à des diſtances plus inégales (152), puiſque ces dimenſions ſe préſentent à des miroirs ſphériques. Ainſi les images des différentes parties de cet objet, étant les unes régulières, les autres dépravées, leur aſſemblage fait une figure très-irrégulière & méconnoiſſable.

173. Voici une manière de deſſiner ſur un plan un objet défiguré, de ſorte qu'en poſant verticalement, & en un endroit marqué ſur ce plan, un miroir cylindrique, d'un rayon donné, cet objet paroiſſe droit & régulier, vû d'un point donné.

Sur un plan à part on deſſine cet objet régulierement & ſelon toutes les dimenſions qu'il doit avoir ; en ſorte cependant que ſa plus grande largeur n'excede pas la longueur de la corde d'un arc de 130 à 140 dégrés du cylindre. On renferme ce deſſein dans un parallelogramme (Fig. 18.) rectangle AFK*a* (qu'on appelle le Ponſif.) On diviſe ce rectangle en pluſieurs petits quarrés ou autres rectangles égaux, afin de partager le deſſein en pluſieurs petites parties. Sur le plan donné on décrit la place où la baſe du cylindre doit être poſée ; c'eſt une portion de cercle FTK (Fig. 19.) dont le rayon doit être égal à celui de la baſe du cylindre, & on y porte une corde FK, égale au côté FK du Ponſif, qui répond au pied de la figure deſſinée. On diviſe auſſi la corde FK comme la droite FK du Ponſif. Par le milieu H de la corde FK, on tire une perpendiculaire HO, qu'on termine en O, au point au-deſſus duquel on veut que l'œil ſoit placé, pour regarder le cylindre. Du point O, on tire par les diviſions de la corde FK, des droites infinies OA', O*g*', O*b*', O*i*', O*k*', ſur l'une deſquelles, comme OF, on éleve une perpendiculaire OV, égale à la hauteur à laquelle on veut que l'œil ſoit au-deſſus du point O, c'eſt-à-dire, au-deſſus du plan du deſſein défiguré. Sur la même droite OF, & en partant du point F, où elle coupe KF, on éleve une perpendiculaire FA, égale au côté AF du Ponsif, & divisée comme lui. Par V, & par les points de division de FA, on tire des droites indéfinies VF, VE′, VD′, VC′, VB′, VA′, qui vont rencontrer la droite OA′, en des points par lesquels on mene à FK les paralleles E′e′, D′d′, C′c′, B′b′, A′k′, & l'on a, selon les Loix de la Perspective, un trapeze KFA′k′, qui est la perspective du ponsif AK, vû du point où l'œil doit être placé pour voir l'objet dans le cylindre, c'est-à-dire, vû d'un point élevé au-dessus de O d'une quantité égale à OV.

Par le centre Q de l'arc FTK du pied du cylindre, & par les points d'incidence F, S, T, K, où les droites ou rayons OF, OG, OI, OK, rencontrent cet arc, on mene les cathetes d'incidence QL, QP, QR, QX, puis les droites indéfinies Fa, Sg, Ti, Kk, qui fassent les angles aFL=OFL, gSP=OSP, iTR=OTR & kKX=OKX, & qui sont (133.) les rayons réfléchis. Sur ces droites ou rayons réfléchis, on porte les divisions des droites correspondantes du trapeze perspectif, c'est-à-dire des droites FA′, Sg′, Mb′, Ti′, Kk′, & par tous les points trouvés de la sorte, on fait passer des courbes qui sont presque des arcs de cercles concentriques, dont le centre est en H, & qui représentent les droites Aa, Bb, Cc, Dd, Ee, FK du ponsif, de même que Fa, G′g, H′b, I′i, Kk représentent les côtés FA, Gg, Hb, Ii, Ka du ponsif, & qu'enfin chacun des espaces ou trapezes mixtilignes représentent les petits quarrés ou rectangles du ponsif. Si donc on place le cylindre sur l'arc FTK, & l'œil au point de vuë déterminé, on verra dans le cylindre une image réguliere du Ponsif. Et par conséquent en rapportant sur chaque trapeze mixtiligne les parties de la figure dessinée dans chaque quarré ou rectangle correspondant dans le ponsif, on aura la figure dépravée qu'on demande.

CHAPITRE III.

De la Dioptrique.

ARTICLE I.

Des Images ou des Foyers par une simple réfraction.

174. PROB. *Etant donnés un objet* O (Fig. 20 & 21) *de position à l'égard d'une surface réfringente-sphérique* BAI, *d'un rayon de sphéricité donné* AK, *& le rapport du sinus d'incidence à celui de l'angle brisé, trouver le lieu* P *de l'image formée par la réfraction.*

Soit le rapport donné comme *p* à *q*. Par l'objet O & par le centre K, menez une droite indéfinie OA, pour être l'axe de sphéricité qui passe par l'objet O. Soit un rayon incident OI, infiniment proche de l'axe OA ; tirez du centre K au point d'incidence I, un demi-diametre KI, qui sera le cathete d'incidence. Sur le rayon incident OI, (prolongé s'il est nécessaire,) abbaissez du centre la perpendiculaire KG, qui sera le sinus de l'angle d'incidence OIN ou KIG : faites comme *p* à *q*, ainsi KG, est à un quatrieme terme, avec lequel comme demi-diametre, décrivez du centre K un arc, auquel on puisse du point I mener une tangente IH, qui ira couper l'axe AO au point cherché P. Car en abaissant une droite KH au point de contact, on voit qu'elle est le sinus de l'angle KIP, lequel par conséquent est l'angle brisé du rayon incident OI. Et parce qu'on a la même construction pour tous les rayons qui tombent du point O sur la surface du verre, infiniment près du point A, il suit qu'ils se brisent, de sorte qu'ils sont tous dirigés au point P, où est par conséquent le foyer ou l'image.

175. Pour avoir une expression analytique de AP, soit OA ou OI $= d$, le rayon de sphéricité KI ou AK $= \mp r$: ($+ r$ quand l'objet est placé du côté de la convexité Fig 20), & $- r$ quand l'objet est du côté de la concavité, Fig. 21.). Soit AP ou IP $= f$. Par la construction précédente $p : q ::$ KG : KH; donc KG $= \frac{p \times KH}{q}$. Or en supposant OI infiniment proche de OA, l'arc AI, n'est qu'une droite perpendiculaire à l'axe OA; les triangles rectangles AOI, OKG sont semblables, aussi bien que PAI, PKH: Donc OK : OI :: KG : AI $= \frac{OI \times KG}{OK}$. Et KH : AI ou $\frac{OI \times KG}{OK}$ :: PK : PI ou PA. Donc PA $= \frac{OI \times KG \times PK}{OK \times KH}$. Et en substituant les valeurs analytiques, pour en déduire la valeur de f, on trouve $f = \frac{dpr}{dp - q(d+r)} = \frac{dpr}{d(p-q) - rq}$ pour les surfaces convexes, & $f = \frac{dpr}{d(q-p) - rq} = \frac{dpr}{q(d-r) - dp}$ pour les surfaces concaves.

176. On peut faire sur l'exactitude de ces formules, & sur les images qu'elles donnent, les mêmes réflexions que ci-dessus (135). On peut même y appliquer le théorême du N° 146 avec sa Démonstration & ses Corollaires, ce qu'on supposera pour la suite.

ARTICLE II.

De la Marche des Images, qui répond à celle d'un objet, dans le passage de la Lumiére de l'air dans le Verre, & réciproquement.

177. COmme l'usage le plus important de la Dioptrique est la connoissance des Loix que suit la lumiére, en passant de l'air dans les verres & réciproquement; afin d'avoir

une idée exacte de l'effet des Lunettes, Télescopes & Microscopes, nous y appliquerons ici pour exemple les deux formules précédentes.

178. Dans le passage de l'air dans le verre, $p = 3$ & $q = 2$: les deux formules de l'Article précédent se réduisent donc à $f = \frac{3dr}{d-2r}$ pour les surfaces convexes, $f = \frac{3dr}{-d-2r}$ pour les surfaces concaves.

179. Nous supposerons que la lumiére ait à traverser une masse infinie de verre, pour y former des images ; ainsi 1°. si dans la premiere formule on fait successivement $d = \frac{1}{4}$, $d = \frac{1}{2}r$, $d = r$, $d = 2r$, $d = \infty$, on trouvera que, *lorsqu'un objet dans l'air passe de la surface convexe du verre à une distance égale, d'abord au quart de l'axe de sphéricité, puis au demi-axe, ensuite à l'axe entier, enfin infinie ; l'image est d'abord en dehors du verre, ou du même côté que l'objet, infiniment proche du verre, & par conséquent droite ; elle va de cette surface à la distance d'un tiers du demi-axe, puis à une distance égale à trois demi-diametres de sphéricité, ensuite à une distance infinie, où elle se renverse, & revient enfin en dedans du verre, à la distance de trois demi-diametres de sphéricité.*

180. Lorsque la surface du verre est concave, la formule $f = \frac{3dr}{-d-2r}$ fait voir que quelque valeur qu'on suppose à d, celle de f sera toujours négative ; & par conséquent les rayons, en pénétrant le verre, divergent toujours, & le lieu des images est toujours en dehors du verre ; faisant donc pour d, les mêmes suppositions, on voit que *lorsque l'objet posé d'abord sur la concavité du verre, s'éloigne dans l'air à une distance égale au quart de l'axe, puis égale au demi-axe, ensuite à l'axe entier, enfin infinie ; l'image va de la surface du verre aux $\frac{1}{7}$ de l'axe de sphéricité, puis au centre où elle se confond avec l'objet, ensuite à $\frac{3}{4}$ de l'axe, enfin à trois demi-diametres de sphéricité.* D'où il suit qu'*elle n'est jamais renversée*, puisqu'elle est toujours du même côté que l'objet à l'égard du centre.

Mais dans le passage du verre dans l'air, la formule des surfaces convexes est $f = \frac{2dr}{-d-3r}$, & celle des concaves $f = \frac{2dr}{d-3r}$: ainsi *quand l'objet appliqué d'abord sur la surface convexe d'une masse de verre, va à travers cette masse à une distance égale au quart de l'axe de convexité, puis égale au demi-axe, ensuite à l'axe entier, enfin infinie, l'image qui est toujours en dedans du verre*, à cause que la formule $f = \frac{2dr}{-d-3r}$ est toujours négative, quelque valeur qu'on suppose à d, *va de la surface convexe à* $\frac{2}{7}$ *du demi-diametre de convexité, puis au quart de l'axe de convexité, ensuite aux* $\frac{3}{4}$ *de l'axe, enfin à une distance égale à l'axe de convexité : elle est donc toujours droite. Et quand la surface de la masse de verre est concave, l'objet qui traverse cette masse étant d'abord sur sa concavité, allant ensuite à la distance du quart de l'axe, puis au centre de concavité, de-là à la distance de trois demi-diametres de concavité, enfin à l'infini ; l'image est d'abord droite & en dedans du verre* (parce que la valeur de f est négative dans $f = \frac{2dr}{d-3r}$, tant que d est plus petit que $3r$) *elle va de la surface à* $\frac{2}{5}$ *du demi-diametre de concavité, puis au centre, où elle se confond avec l'objet, de-là à l'infini, où elle se renverse en passant de l'autre côté, & revient enfin à la distance d'un axe de concavité.*

ARTICLE III.

Des Images faites par une double Réfraction.

181. DAns l'usage des verres, il y a ordinairement une double réfraction, savoir, une à l'entrée, & une autre à la sortie du verre.

182. PROB. I. *Etant données les dimensions d'une Lentille*

quelconque AB, (Fig. 22.) *la position d'un objet* O *sur l'axe commun de sphéricité des surfaces de la Lentille, dont les centres sont en* C *&* *en* K, *trouver le point* F *de cet axe où un rayon* OI, *infiniment proche de l'axe* OA, *va couper cet axe, après deux réfractions, l'une en* I, *&* *l'autre en* T.

SOLUTION. Soit $OA = d$, $CB = R$, $KA = r$, $FB = x$, $PB = z$, la figure fait voir que le point P est le point de l'axe, où il est rencontré par la direction du rayon incident OI, après la premiere réfraction en I; soit AB, qui est l'épaisseur de la Lentille $= c$. Soit le rapport des sinus d'incidence & de réfraction à l'entrée de la Lentille comme p à q, & à la sortie comme q à p. Soient enfin $CD = m$, & $KG = n$. La figure fait encore voir que $p : q :: KG$ ou $n : KH = \frac{nq}{p}$: & que $q : p ::$ CD ou $m : CE = \frac{mp}{q}$.

Cela posé, à cause des triangles rectangles semblables OAI, OKG, on a OG ou OK : OA :: GK : AI, ou $d + r : d :: n : AI = \frac{dn}{d+r}$: & à cause des triangles semblables PAI, PKH, on a PA ou $z + c$: PH ou $z + c - r ::$ AI ou $\frac{dn}{d+r}$: KH ou $\frac{nq}{p}$: mettant en équation $\frac{dnz + dcn - dnr}{d+r} = \frac{nqz + cnq}{p}$; d'où on tirera la valeur de $z = \frac{dcq - cqr + dpr - dcp}{dp - dq - qr}$. A cause des triangles semblables PCD, PBT, on a PD ou $z + R$: PB ou z :: CD ou $m : BT = \frac{mz}{z+R}$. Enfin les triangles semblables FCE, FBT, donnent FC ou $x + R$: FB ou x :: CE ou $\frac{pm}{q}$: BT ou $\frac{mz}{z+R}$: mettant en équation pour avoir une autre valeur de z, on trouve $z = \frac{pRx}{qx + qR - px}$: faisant enfin une équation des deux valeurs de z, afin de pouvoir en conclure la valeur de x, on a, toutes réductions faites,

$$x = \frac{dpqRr + dcqqR - dcpqR + cqqrR}{dppR - dpqR - pqrR - dcqq - dpqr + 2dcpq - dcpp + dppr - cqqr + cpqr}.$$

183. Cette équation générale se réduit à une expression

bien plus ſimple, ſelon les cas où on l'applique. Car s'il s'agit d'une Lentille de verre, $p = 3$ & $q = 2$, ce qui réduit la valeur de x à celle-ci, $x = \frac{6drR + 4crR - 2dcR}{3dR - 6rR - dc + 3dr + 2cr}$. Et ſi on néglige l'épaiſſeur du verre, comme cela ſe fait preſque toujours, alors à cauſe de $c = 0$, on a $x = \frac{2drR}{dR - 2rR + dr}$. Enfin ſi on ſuppoſe les deux courbures egales, $r = R$, & $x = \frac{dr}{d - r}$.

184. REMARQUE I. Etant donné l'arc AI, compris entre le point A de l'axe commun des deux ſurfaces ſphériques, & le point I, où tombe un rayon oblique OI, parti d'un point O pris ſur cet axe, on peut calculer par la Trigonométrie rectiligne le vrai point F, où le rayon OI, rencontre le même axe après ſes deux réfractions. Car dans le triangle OKI, on connoit OK, KI & l'angle AKI; le calcul donnera donc IO & l'angle KIO, dont le ſupplément eſt KIG. Dans le triangle rectangle IKG, on a IK & l'angle KIG; on calculera donc KG. On fera enſuite $p : q :: KG : KH$; & dans le triangle rectangle KIH, ayant KI & KH, on calculera aiſément l'angle KIH. Dans le triangle KIP, on a IK & les angles IKP, KIP; on aura donc KP & l'angle KPI. Dans le triangle PCD rectangle en D, on a PC = PK + KA + CB — AB, & l'angle CPD, qui donne l'angle PCD; on aura donc CD: on fera $q : p :: CD : CE$. Enſuite dans le triangle rectangle CTD, on connoit CT & CD; ce qui ſervira à trouver l'angle TCD. Dans le triangle CTE, on connoit CT & CE, d'où on calculera l'angle ETC, dont le ſupplément eſt CTF. Enfin dans le triangle CTF, on a le côté TC, l'angle CTF & l'angle FCT = PCD — TCD; on aura donc CF, & par conſéquent BF = CF — CB.

185. Si l'objet O eſt à une diſtance infinie, le calcul devient un peu plus court: car OI étant alors parallele à l'axe, l'angle KIG = AKI eſt meſuré par l'arc donné AI.

186. REM. II. Par le calcul précédent, ou même par une

simple construction géometrique, il est aisé de voir que *lorsqu'un rayon OI tombe à quelque distance du point A de l'axe commun des deux surfaces, la courbure de l'arc AI porte plutot ce rayon vers l'axe*; ce qui fait que le point F, où il le coupe, est plus près du point B, à proportion que cet arc AI est d'un plus grand nombre de degrés.

187. PROB. II. *Etant données les dimensions d'une Lentille quelconque* AD, (Fig. 25.) *dont les centres de surfaces sont en* C *&* *en* K, *la position d'un objet* O *hors de l'axe* BK *de la Lentille, mais autant éloigné de la Lentille, que le point* B *qui est dans l'axe, trouver le point* F *où les rayons de lumiére, partis du point* O, *vont se réunir après avoir traversé la Lentille.*

SOLUTION. Par le point O & par le centre K, menez OK, qui sera un axe de sphéricité de la premiere surface ALD; & (174) tous les rayons partis du point O, & qui tombent sur cette surface (dont on suppose l'étendue d'un très-petit nombre de degrés,) doivent tendre à concourir en un point P, pris sur cet axe : (ce point P se détermine par la formule du N° 175.) de même que tous les rayons partis du point B tendent à se réunir en *p*. On peut maintenant regarder le point P, comme un objet placé dans une masse de verre, d'où partent des rayons qui tombent sur la surface ATD : donc menant par P & par C, centre de convexité de cette surface, une droite PC, qui en soit l'axe, tous les rayons partis du point P doivent (174) se réfracter à cette surface, de sorte qu'ils se dirigent en un même point en deçà de T, comme F; (lequel se détermine par la formule du N° 175) de même que le point *p* étant une premiere image de l'objet B, formée par la réfraction sur la surface ALD, devient un objet à l'egard de la surface ATD, qui par une seconde réfraction, forme en *f* une image de l'objet *p*, ou une seconde image de l'objet B.

188. COROLL. I. En négligeant l'épaisseur du verre, & en supposant que les points B, O en soient à égales distances, il est clair que les points *p*, P en sont aussi également éloignés, puisqu'on les trouve chacun par la même formule, avec des données égales; & par la même raison, les points *f*, F, sont aussi également éloignés du verre.

189. COROLL. II. Ce qu'on vient de dire du point O, pouvant s'appliquer à tous les points de la surface visible d'un objet, on voit maintenant la formation des images entieres d'un objet, lesquelles sont des figures à très-peu-près semblables à celles des surfaces visibles des objets.

190. COROLL. III. *Il suffit donc de calculer, par le moyen des formules précédentes, la position de l'image du point de l'objet qui est dans l'axe des verres, pour avoir celle de l'image entiere de l'objet.*

191. COROLL. IV. On voit aussi par la construction précédente, que lorsque l'objet OB est assez éloigné, pour que l'image se fasse au-delà d'un des rayons de convexité du verre, cette image est renversée; c'est-à-dire, que ses parties sont dans une position opposée à celle des parties correspondantes de l'objet.

192. REM. L'expérience fait voir que l'étendue dans laquelle les images des objets présentés à une Lentille, se fait distinctement, est très-considérable. Car si on a une chambre obscure (comme il a été dit N° 5), & si ayant fait une ouverture de 2 à 3 pouces de diametre, on la recouvre avec un verre convexe, on verra sur un carton blanc, posé à une distance proportionnée à la longueur des rayons de convexité, & à l'éloignement des objets, des images renversées de tous les objets exposés au trou, avec des couleurs d'autant plus vives, que ces objets seront mieux éclairés: & toutes ces images seront assez distinctes, quoiqu'elles le soient d'autant plus, qu'elles representeront des objets situés plus près de l'axe de la Lentille.

193. THEOR. *Lorsque les deux surfaces d'une Lentille convexe ou concave sont d'un égal rayon de sphéricité, parmi les rayons de lumiére, qui étant partis d'un point* O (Fig. 23 & 24) *pris hors de l'axe, tombent sur cette Lentille, celui qui passe par le point* I *de l'axe qui est au milieu de l'épaisseur de la Lentille, sort après ses deux réfractions dans une droite* TF, *parallele à la direction* OD, *qu'il avoit avant que de rencontrer la Lentille.* C'est pour cela que dans la suite on l'appellera *le rayon principal.*

DEM.

DEM. A cause des deux arcs ALD, ATD égaux, & d'un même rayon, la figure de la Lentille est un polygone symmétrique d'une infinité de côtés, dont le centre est I; d'où il suit que le rayon de lumiére TL, qui passe par I, aboutit à deux des côtés paralleles (& égaux, dont les positions sont déterminées par les tangentes GL, HT.) Donc ce rayon doit se réfracter également de part & d'autre; c'est-à-dire, que l'angle brisé ILO doit être égal à l'angle brisé ITF, & par conséquent (Elem. 434.) les directions MO, TF, doivent être paralleles.

194. COROLL. I. *Si le verre étoit plat d'un côté, & convexe ou concave de l'autre, alors le rayon principal seroit celui qui entreroit dans le verre, ou qui en sortiroit par le sommet de la courbure, selon que cette courbure seroit dirigée ou opposée à l'objet* : car le sommet de la courbure est un plan infiniment petit, parallele à la surface plane de la Lentille.

195. COROLL. II. *En négligeant l'épaisseur de la Lentille*, le rayon principal en sort dans la même droite, selon laquelle il y est entré; ou ce qui est le même, *tout rayon oblique à la Lentille, qui tend au point de son axe, qui est au milieu de son épaisseur, la traverse en ligne droite, ou sans souffrir de réfraction.*

ARTICLE IV.

De la Marche des Images formées par une double Réfraction.

196. L*Orsque la Lentille de verre est également convexe des deux côtés, si un objet placé sur une des surfaces, va de-là au centre de convexité de la surface opposée, puis à une distance infinie, l'image est d'abord infiniment proche du verre, & va de-là à une distance infinie du même côté que l'objet, puis revient de l'autre côté, jusqu'au centre de l'autre*

convexité. Ce qui se déduit de la formule $x = \frac{dr}{d-r}$, en supposant successivement $d = \frac{1}{\infty}$, $d = r$, $d = \infty$. *Dans cette marche les rayons sortent du verre divergens, puis paralleles, enfin convergens.*

197. *Lorsque la Lentille de verre est également concave des deux côtés*, alors le rayon K A est tourné vers l'objet, & il doit être fait $= -r$, pour entrer dans la formule : le rayon C B qui étoit tourné vers l'objet, est tourné de l'autre sens; il devient donc aussi $= -R$: mettant donc $-r$, $-R$ à la place de r, R dans la formule $x = \frac{2\,d\,r\,R}{dR - 2rR + dr}$, elle devient $x = \frac{2\,d\,r\,R}{-dR - 2rR - dr} = \frac{-2\,d\,r\,R}{d\,R + 2\,r\,R + d\,r}$; & en supposant les deux rayons égaux, $x = \frac{-dr}{d+r}$. D'où on déduira, en faisant successivement $d = \frac{1}{\infty}$, $d = \frac{1}{2}r$, $d = r$, $d = \infty$, que *lorsqu'un objet va de la surface concave au quart de l'axe de concavité, puis au centre, ensuite à l'infini, son image va de dessus l'autre surface concave au centre de l'autre concavité, puis à l'infini, ensuite elle revient du côté de l'objet depuis l'infini jusqu'au centre de concavité. Dans cette marche, les rayons sortent du verre convergens, puis paralleles, ensuite divergens.*

198. Si la Lentille de verre étoit convexe d'un côté, & plane de l'autre, auquel cas on dit que le verre est *plan-convexe*, alors un des rayons de sphéricité est censé infini : soit donc $R = \infty$, & l'équation $x = \frac{2drR}{dR - 2rR + dr}$ devient $x = \frac{2dr}{d-2r}$: cela posé, en faisant les suppositions ordinaires des différentes valeurs de d, on trouve que *si un objet va de la surface d'un verre plan-convexe, d'abord jusqu'à la distance d'un diametre de convexité, ensuite à l'infini, son image va de cette même surface du même côté jusqu'à l'infini ; ensuite elle revient de l'autre côté jusqu'à la distance d'un diametre de convexité. Dans cette marche les rayons sortent du verre divergens, puis paralleles, enfin convergens.*

199. On peut demander s'il est indifférent de présenter à l'objet la surface plane ou la surface convexe ; à quoi l'on doit repondre qu'en négligeant l'épaisseur du verre, cela est indifférent ; mais que si on y a égard, lorsque l'objet infiniment éloigné est placé du côté de la surface plane, son image est éloignée de la surface convexe d'un diametre de convexité précisément : mais quand la convexité est vers l'objet, le foyer est éloigné de la surface plane d'un diametre de convexité, moins les $\frac{2}{3}$ de l'épaisseur du verre. Car dans l'équation

$$x = \frac{6drR + 4erR - 2deR}{3dR - 6rR - de + 3dr + 2er},$$

faisant $d = \infty$, & $r = \infty$, pour exprimer que la face plane est vers l'objet, on trouve $x = 2R$: mais si o. fait $d = \infty$, & $R = \infty$, pour marquer que la face plane est à l'opposite de l'objet, on trouve $x = 2r - \frac{2}{3}e$.

200. Si la Lentille est un verre plan-concave, *lorsque l'objet va de la surface du verre à une distance égale au rayon de sphéricité, puis égale au diametre, enfin à l'infini, l'image va de l'autre surface à la distance d'un diametre de sphéricité, puis à l'infini ; enfin elle revient du côté de l'objet jusqu'à la distance d'un diametre de sphéricité.* Ce qui est clair par la formule de cette Lentille, qui est $x = \frac{-2dr}{2r+d}$, parce que dans l'équation $x = \frac{-2drR}{2rR+dR+dr}$, on a supposé $R = \infty$.

Dans cette marche les rayons sortent du verre convergens, puis paralleles, enfin divergens.

201. Enfin si la Lentille est *menisque*, c'est-à-dire, concave d'un côté & convexe de l'autre, pour avoir sa formule, il faut faire un des demi-diametres de sphéricité négatif ; si donc on met $-R$ à la place de R, on aura $x = \frac{2drR}{dr-2rR-dR}$, & par différentes suppositions de d, on trouvera la marche de l'image ; mais nous n'entrerons pas dans le détail, tant à cause du peu d'usage qu'on fait de ces sortes de Lentilles, que parce qu'il faudroit examiner plusieurs cas. C'est par les

mêmes raisons que nous ne parlons pas des verres concaves ou convexes, dont les surfaces ont des sphéricités de différens rayons.

202. REM. I. *On peut supposer dans la pratique qu'un objet est infiniment éloigné à l'égard d'une Lentille, lorsque sa distance est mille ou dix mille fois plus grande que le rayon de sphéricité.* Ainsi si dans la formule $x = \frac{dr}{d-r}$, on suppose $r =$ 10 pouces, & $d =$ 10000, c'est-à-dire d mille fois plus grand que r, on trouve $x = 10,0101$. Il ne s'en faut donc que d'environ $\frac{1}{100}$ de pouce que l'image ne soit au point où elle seroit, si la distance de l'objet étoit réellement infinie; & si on fait $d = 100000$, ou dix mille fois plus grand que r, on trouve $x = 10,001001$, il ne s'en faut donc alors que de $\frac{1}{1000}$ de pouce environ.

203. REM. II. Le rapport des sinus de l'angle d'incidence & de l'angle brisé de l'air dans le verre, n'étant pas précisément celui de 3 à 2, mais plus exactement de 31 à 20, tout ce qu'on a dit du lieu des images dans les Articles II & IV, n'est pas rigoureusement vrai, mais seulement à très-peu près. Telles sont aussi les formules sur lesquelles ces règles sont fondées.

CHAPITRE IV.

De la Vision.

ARTICLE I.

Description de l'Oeil, & des Images qui s'y forment.

204. L'ŒIL est enveloppé de trois tuniques : la premiere & extérieure EDNNDE (Fig. 26.) s'appelle *la Cornée*; elle est d'une figure sphérique, dont la partie DED est un segment d'une plus petite sphere que le reste, & transparente comme une feuille de Corne fine : la seconde PIIP, s'appelle la *Sclérotique*; elle a une ouverture PP, qu'on appelle la *Prunelle*; cette ouverture est bordée d'une espéce de rideau noir, gris ou bluâtre, qu'on appelle l'*Iris*, qui a la propriété de conserver toujours la forme circulaire à la prunelle, soit que celle-ci s'aggrandisse, lorsque l'œil entre dans l'obscurité, soit qu'elle se rétrecisse, lorsqu'il devient exposé à une plus grande clarté. (Ces deux mouvemens se font involontairement.) La troisieme tunique CB, BC, s'appelle la *Choroïde* : c'est un tapis velouté & très-noir, qui sert par conséquent à faire de l'œil une chambre obscure. Il absorbe les rayons dont la réfraction se fait irréguliérement dans l'œil. A la Choroïde & au-dessous de la prunelle est attachée une espéce de loupe ou Lentille CC, qu'on appelle le *Crystallin*. Sa convexité est d'un plus petit rayon dans sa partie antérieure : il est retenu par deux muscles BC, BC, (on les appelle les *Ligamens ciliaires*,) qui en le tirant de C vers B, le rendent moins convexe, lorsqu'il est nécessaire. Sur le fond vers HH, est un reseau très-blanc & très-fin, qu'on appelle *la Retine*, & qui s'étend sur la choroïde. C'est une expansion

du *Nerf-Optique* NN, qui sert à transmettre la sensation jusqu'au siége de l'ame. Dans l'espace qui est entre la cornée & le crystallin, il y a une liqueur très-limpide & très claire, dans laquelle l'Iris nage; on la nomme l'*humeur aqueuse*. Entre le crystallin & le fond de l'œil, il y a une substance très-claire, mais d'une consistance gélatineuse; on l'appelle l'*humeur vitrée*.

205. Lorsque les rayons de la lumiére entrent dans l'œil, ils se réfractent en pénétrant l'humeur aqueuse; ils se réfractent tant-soit-peu davantage à l'entrée & à la sortie du crystallin, & l'effet de ces réfractions est de réunir tous ceux qui sont partis d'un même point d'un objet, & d'en former par conséquent une image, laquelle fait voir distinctement l'objet, lorsqu'elle se forme sur la retine, mais confusément, lorsqu'elle se forme en-deçà, où lorsqu'elle tend à se former au-delà.

206. On peut donc comparer l'œil à une masse d'eau ou de verre, terminée par une surface convexe; car la réfraction qui se fait par le crystallin n'est presqu'ici d'aucune conséquence pour expliquer les effets généraux de la vuë: ainsi, tous les rayons qui, partis de l'extrémité S de l'objet SRQ, sont entrés dans la prunelle PP, vont se réunir en un point *s* sur la retine: il en est de même des rayons partis de Q ou de R, qui vont se réunir en *q* & en *r*, ensorte qu'il se fait sur la retine une image *srq*, peinte de toutes les couleurs de l'objet; ce qui occasionne l'idée de sa présence, comme il a été expliqué plus haut (13). Il est vrai que cette image dans l'œil est renversée, comme elle le doit être, puisque le centre de l'œil est entre elle & l'objet: mais par une habitude contractée dès notre enfance, nous redressons le jugement que nous devrions porter sur la situation des objets. (72)

ARTICLE II.

De la Vision distincte.

Des différens accidens de la Vuë, avec les remedes que fournit la Dioptrique.

207. PUISQUE (174) l'image vive & distincte d'un objet, faite par le moyen d'une surface convexe réfringente, est sur l'axe qui passe par l'objet & par le centre de sphéricité de la surface, il est clair qu'on ne doit voir distinctement les objets que lorsqu'on a tourné l'œil vers eux, c'est-à-dire, lorsqu'on a dirigé vers l'objet l'axe ou la droite qui passe par le centre de l'œil, par celui de la prunelle; & même on ne voit bien distinctement que le point de l'objet auquel cet axe aboutit.

208. Lorsqu'un objet placé à quelque distance d'une surface réfringente-convexe d'une sphéricité constante & posée fixement, va en s'éloignant de cette surface, son image s'en éloigne aussi (179) : & il est évident que si on vouloit que l'image restât à la même place, il faudroit ou en éloigner la surface réfringente, à mesure que l'objet s'en éloigne, ou bien diminuer à mesure le demi-diametre de sphéricité de la surface; car alors sa distance à l'image, qui dans les formules de l'article II (179) est toujours un multiple du demi-diametre de sphéricité, deviendroit plus grande rélativement à ce demi-diametre, quoiqu'elle restât absolument la même. C'est aussi ce qui arrive à ceux qui ont une vuë excellente : ils ont l'œil tellement conformé, & le jeu de ses parties si libre, que lorsque les rayons de lumiére, partis d'un même point d'un objet, entrent dans la prunelle à peu près paralleles entr'eux, ce qui suppose (202) l'objet à une assez grande distance de l'œil, le foyer de ces rayons se trouve précisément sur la retine; & lorsque l'objet s'approche de

l'œil, de maniére que les rayons de lumiére qui partent d'un de ses points, entrent sensiblement divergens : alors le spectateur peut éloigner son crystallin de sa retine, pour en rapprocher l'image, laquelle, selon les regles de la Dioptrique (196) doit se former plus loin à mesure que l'objet s'approche. Il peut aussi rendre son Crystallin plus convexe, afin de briser davantage les rayons, & d'en raprocher le foyer. Il peut même employer ces deux moyens à la fois, & par là voir toujours distinctement les objets, à quelque distance de l'œil qu'ils soient placés, pourvû qu'elle ne soit ni absolument trop grande, ni moindre que de 5 à 6 pouces.

209. Mais si par une conformation vitieuse de l'œil, soit qu'elle soit un défaut naturel, soit qu'elle soit acquise par une mauvaise habitude, ou arrivée par accident, les muscles de l'œil n'ont ni la force ni le ressort nécessaire, pour changer la figure de l'œil suffisamment ; alors on ne peut plus voir distinctement que les objets qui sont à la distance propre à faire tomber leurs images sur la retine. Ainsi si le crystallin, ou même si le devant de la cornée sont trop convexes, le foyer des objets fort éloignés est très-près du crystallin, & par conséquent en-deçà de la retine ; on ne voit donc alors que très-confusément, & il faut rapprocher beaucoup les objets, afin que leurs images s'éloignant à mesure, arrivent à la retine. Tel est le defaut de ceux qui ont la vuë courte, & qu'on appelle *Myopes*.

210. Au contraire, si le segment antérieur de la cornée, ou si le crystallin n'ont de convexité qu'autant qu'il en faut pour faire tomber sur la retine les images des objets fort éloignés, celles des objets plus proches tendront à se former au-delà de la retine, & par conséquent les rayons étant interceptés par la retine, avant leur réunion, on ne doit voir les objets que confusément. C'est-là le défaut de ceux qui ont la vuë longue, & qu'on appelle *Presbytes* : tels sont la plûpart des vieillards, à qui l'âge en desséchant les humeurs, a applati le crystallin, & affaissé la partie antérieure de la cornée.

211. Les Myopes sont donc ceux qui ne peuvent voir

distinctement que les objets proches, ou qui envoyent des rayons sensiblement divergens *& non paralleles*, & les Presbytes sont ceux qui ne peuvent voir distinctement que les objets éloignés, ou qui envoyent des rayons sensiblement paralleles. Or il est évident par la théorie des verres concaves & convexes, que les verres concaves font diverger les rayons qui y entrent paralleles, ou qui viennent d'un objet fort éloigné ; puisqu'en traversant un verre également concave des deux côtés, ils se détournent & s'écartent pour se diriger à un point du côté de l'objet, & proche du quart de l'axe de sphéricité. Un œil myope qui reçoit les rayons ainsi divergens, peut donc distinguer l'objet d'où ils sont partis ; d'où il suit que les Myopes peuvent corriger le défaut de leur vuë, & voir clairement les objets éloignés, à l'aide d'un verre d'une concavité proportionnée à la figure de leur œil. Par un semblable raisonnement, on voit que les Presbytes peuvent voir les objets proches, à l'aide d'une louppe convexe, qui a la propriété de ramener au parallelisme les rayons divergens, partis de son foyer.

212. Le défaut des yeux myopes & des yeux presbytes, n'est sensible qu'à cause de la grande ouverture de la prunelle de l'œil : car si cette ouverture n'étoit qu'un point, de sorte qu'elle ne pût admettre dans l'œil qu'un seul rayon, parti de chaque point distinct d'un objet visible, ces rayons tomberoient sur autant de points distincts de la retine, & y formeroient par conséquent une peinture distincte, mais extrêmement foible, faute de lumiére suffisante. Sans cet inconvénient, on pourroit corriger le défaut des Myopes & des Presbytes, en appliquant sur leurs yeux une surface opaque, percée d'un très-petit trou : on le corrige en effet en partie par ce moyen.

213. Il suit encore de-là qu'*en regardant un objet par un trou extrêmement petit, on le doit voir distinctement, quelque près qu'il soit de l'œil.*

214. Il arrive quelquefois que des deux yeux d'un homme, l'un est bon (c'est-à-dire, fait partie d'une vuë excellente,) & l'autre est foible (c'est-à-dire, myope ou presbyte.) En

ce cas le ſpectateur eſt obligé de tourner le bon œil vers les objets éloignés, & d'en détourner l'œil foible, qui jetteroit de la confuſion ſur l'image formée dans le bon œil. C'eſt cette alternative de diriger un œil, en détournant l'autre, & réciproquement, que l'on appelle le *Strabiſme*, & ceux qui ont ce défaut, s'appellent *Louches*.

ARTICLE III.

De la Viſion faite à l'aide des Verres ou Miroirs.

215. PUiſque nous ne voyons un objet que par l'image qui s'en forme dans notre œil, il eſt clair 1°. *que nous ne devons voir un objet que dans la direction ſelon laquelle les rayons entrent dans notre œil, pour y former leur image*, ainſi qu'il a été dit ci-deſſus (21). Si donc ces rayons n'entrent qu'après pluſieurs réfractions ou reflexions, qui ayent beaucoup changé la direction primitive des rayons qui partoient de l'objet, nous ne devons plus le voir dans la droite qui vient de lui directement à notre œil.

216. Il eſt évident 2°. que la grandeur apparente d'un objet, de quelque façon qu'il ſoit vû, dépendant principalement (77) de l'angle à l'œil compris entre les deux rayons qui viennent des extrémités de cet objet, ſi la réfraction ou la réflexion ont rendu cet angle plus grand ou plus petit qu'il n'auroit été, ſi on avoit regardé cet objet à la vuë ſimple; ou ce qui revient au même, *ſi l'angle à l'œil compris entre les deux rayons qui paſſent par les extrémités de la derniere image d'un objet formée par réfraction ou par réflexion, eſt plus grand ou plus petit que l'angle à l'œil entre les extrémités de cet objet regardé à la vuë ſimple, cet objet paroît groſſi ou diminué à proportion. De ſorte que ſi l'œil s'approche ou s'éloigne de cette derniere image, l'objet paroîtra augmenter ou diminuer, quand même par ce mouvement l'œil s'éloigneroit ou s'approcheroit*

réellement de l'objet : parce que l'image tient lieu de l'objet, qui ne se voit que par elle. *Si* cependant *un objet ou même une image d'un objet étoient tellement placés à l'égard d'un verre extrémement mince ou d'un miroir, que leurs rayons en fussent réfractés ou réfléchis, de sorte qu'ils devinssent ensuite paralleles, l'œil qui se trouveroit sur leur route verroit cet objet ou cette image de la même grandeur, à quelque distance qu'il s'approchât ou qu'il s'éloignât du verre ou du miroir : & cette grandeur seroit la même que si l'objet étoit vû par un œil placé au lieu où est le verre ou le miroir.* Car soit RS (Fig. 27 & 28) le demi-diametre d'un objet ou d'une image, placé à l'égard de la Lentille CB, de sorte que les rayons qui partent du point R, ou qui y tendent, sortent tous paralleles entr'eux, en supposant la lentille infiniment peu épaisse : parmi ces rayons, il y en a un RC (c'est le rayon principal,) qui la traverse sans se réfracter (195). Soit SC le rayon qui part du centre de l'objet ou de l'image, & qui est dans l'axe de la Lentille. Il est évident que l'angle SCR est celui sous lequel l'image ou l'objet SR est vû par un œil placé au lieu C, où est la Lentille, & qu'en quelque point E de l'axe que l'œil soit situé, pourvu qu'il se trouve sur la route de quelques-uns des rayons partis du point R, ou qui y tendent, il voit cet objet ou cette image sous l'angle CEB = SCR. Ce seroit la même chose, si l'œil étoit placé au foyer d'un verre ou d'un miroir, sur lequel les rayons d'un objet ou d'une image fussent tombés paralleles : à quelque distance que cet objet ou cette image fût placée, à l'égard du miroir, l'œil les verroit toujours de la même grandeur.

217. A l'égard de la distance de l'œil au lieu où les objets paroissent être, elle ne se mesure pas par la distance réelle de l'œil à la derniere image. Mais puisque (103) la distance apparente des objets s'estime principalement par l'idée que nous avons de leur grandeur, il suit que lorsque nous voyons des objets dont les images sont grossies ou diminuées par la réflexion ou par la réfraction, nous devons les juger éloignés de notre œil, à proportion de la grandeur que nous leur voyons, comparée à celle que nous leur connoissons. Or,

comme la surface visible des objets vûs directement, est (23) la base d'une pyramide de lumiére dont le sommet est à notre œil, si la pointe de cette pyramide devient plus obtuse par l'effet d'une ou de plusieurs réflexions ou réfractions, l'objet qui semble toujours en être la base, doit sembler être pour cet effet assez rapproché de l'œil ou du sommet de la nouvelle pyramide. C'est le contraire si la pointe de la pyramide est devenue plus aiguë. De-là on peut tirer cette construction, pour avoir le lieu apparent des objets vûs à l'aide des verres ou miroirs. Soit RQ (Fig. 29) une dimension d'un objet quelconque, O le lieu ou est l'œil, OR l'axe de la Pyramide optique par laquelle on voit cet objet : OT, la direction du rayon qui vient de l'extrémité Q de l'objet, après avoir souffert tant de réfractions & de réflexions qu'on voudra, par des surfaces sphériques, dont les axes soient tous placés sur OR. Menez Q*q* parallele à OR, jusqu'à la rencontre du rayon OT, & le point *q* sera le lieu apparent du point Q, ou de la derniere image de ce point Q, & O*r* sera la distance apparente de l'œil à l'objet, *qr* étant le lieu apparent de la derniere image vue par l'œil placé en O.

218. De-là il est aisé d'expliquer pourquoi les louppes convexes grossissent & rapprochent les objets, & les Lentilles concaves les diminuent & les éloignent.

219. Enfin on conçoit que si les rayons qui viennent d'un objet sont réfractés ou réfléchis, de sorte que l'image qu'ils forment ensuite soit située derriére l'œil du spectateur, ou s'il se trouve un corps opaque entre cette image & l'œil, cet objet devient absolument invisible, tant que l'œil restera à la même place. Que si ces rayons réfléchis ou réfractés entrent dans l'œil sous une telle inclinaison qu'ils ne puissent former une image qu'en-deçà ou qu'en-delà de la retine, l'objet ne se peut voir que confusément.

220 Pour appliquer tout ceci à un exemple genéral, soit GR (Fig. 30) l'axe commun de tant de Lentilles A, B, C, qu'on voudra : soit QR une des dimensions d'un objet quelconque ; E le lieu de l'œil qui reçoit le rayon QKIHE, parti du point Q, & qui tombant sur l'extrémité K d'une

Lentille AK, a été obligé de se réfracter pour se diriger vers F, mais rencontrant en I une autre Lentille BI, se réfracte de nouveau, & se dirige en sortant vers le point *f*, & rencontrant encore en H une autre Lentille CH, se réfracte encore & se dirige vers E, où il est reçu par l'œil. Il est clair 1°. qu'à cause que ET est la derniére direction du rayon qui parvient à l'œil, en tirant Q*q* parallele à GR, & *q r* parallele à QR, la derniere image de l'objet QR, paroît être en *q r* (217). 2°. Que la distance apparente de l'œil à l'objet est E*r*. 3°. Que la grandeur apparente de l'objet est à sa grandeur réelle, comme ER à E*r*, parce que les angles *q*E*r*, QER, qu'on suppose fort petits, sont (79) dans ce rapport. 4°. Que la situation de l'objet paroît droite ou renversée, selon la position de l'image au-delà ou en-deçà du centre de sphéricité du dernier verre ou miroir, par rapport à l'objet ou à l'image qui aura précédé cette derniere image, & lui aura servi d'objet ; ce que le calcul des foyers de chaque verre fait connoître. 5°. Que si on regarde la droite qui mesure la distance du centre ou milieu de chaque Lentille à son extrémité, (telle que seroit CH) comme un objet, & que si on détermine (comme au N°. 217) la position apparente de chacune de ces droites, en la supposant vûe par le moyen des Lentilles situées entre l'œil & elles, celle qui soutendra un plus petit angle à l'œil, déterminera le plus grand angle de vision, c'est-à-dire, le plus grand espace qu'on puisse voir à travers tous ces verres.

En changeant les mots de réfractions, de Lentilles, &c. en ceux de réflexions, de miroirs, ou en général, d'autre milieu quelconque, on verra facilement que tout ce qu'on vient de dire, est commun à la Catoptrique comme à la Dioptrique.

CHAPITRE. V.

Des Télescopes & des Microscopes.

ARTICLE I.

Notions préliminaires.

221. L'Idée générale d'un *Télescope* ou Lunette à longue vûe, & d'un *Microscope*, est de former une image vive d'un objet qu'on veut voir distinctement, en lui présentant un verre convexe des deux côtés, ou plan-convexe, ou même menisque, ou bien un miroir concave (on appelle ce verre ou ce miroir, *le verre* ou *le miroir objectif* :) & de voir cette image par le moyen d'un ou de plusieurs autres verres, (qu'on appelle *oculaires*, parce qu'ils sont placés du côté où l'on doit mettre l'œil.)

222. Il y a donc deux sortes de Télescopes & de Microscopes : les uns se font simplement par des verres, les autres par des miroirs & des verres, & ceux-ci pour cette raison s'appellent *Catadioptriques*.

223. On appelle *champ* d'un Télescope ou d'un Microscope tout l'espace que peut voir un œil placé au point où il doit être, pour jouir de tout l'effet du Télescope ou du Microscope.

224. Quand dans la suite on parlera en général du *foyer* d'un verre ou d'un miroir, on entendra le lieu du concours des rayons réfractés ou réfléchis, en supposant l'objet à une distance infinie, ou que les rayons incidens, partis d'un même point de l'objet, sont paralleles entr'eux. Il en sera de même quand on dira qu'un verre ou qu'un miroir a tant de pieds ou de pouces de foyer.

225. Une Lentille ou un miroir ſphérique quelconque étant donnés, on peut déterminer, par voie d'expérience, la longueur de leur foyer, en cette ſorte.

I. Si c'eſt un miroir concave ou une Lentille convexe, préſentez-les au ſoleil, & cherchez le point où les rayons réfléchis ou réfractés, reçus ſur un plan, formeront le cercle le plus petit d'un blanc le plus vif, & où les matiéres combuſtibles ſont plus promptement enflammées : ce point ſera le foyer. Ou bien, couvrez la ſurface du miroir, ou une des ſurfaces du verre avec du papier noirci, & percé de pluſieurs petits trous d'épingle, & cherchez à quelle diſtance tous les rayons du ſoleil qui paſſent par ces trous ſe réuniſſent en une ſeule tache blanche : ou enfin préſentez le verre ou le miroir à un flambeau aſſez éloigné pour être au-delà des centres de ſphéricité, cherchez à quelle diſtance du flambeau & du miroir, ou du verre, il faut poſer un plan, pour qu'il s'y forme une image renverſée du flambeau, la plus diſtincte & la plus petite qu'il eſt poſſible ; alors vous aurez les données néceſſaires pour calculer par les formules des miroirs & des lentilles le rayon de ſphéricité qu'ils doivent avoir, & par conſéquent la longueur du foyer qui en eſt la moitié dans le le miroir, qui lui eſt égale dans les lentilles également convexes des deux côtés, & qui en eſt le double dans les verres plan-convexes.

226. II. Si c'eſt un miroir convexe ou une Lentille concave, on couvrira la ſurface du miroir, ou une des ſurfaces de la Lentille avec du papier noirci & percé de pluſieurs petits trous diſpoſés en circonférence de cercle. Les rayons du ſoleil qui paſſeront par ces trous, & qui ſeront reçus ſur un plan, y feront des taches rondes & blanches, qui iront en s'écartant les unes des autres en circonférence de cercle, à meſure qu'on éloignera le plan ; & lorſque le diametre de cette circonférence ſera double de celui du cercle des petits trous, la diſtance du plan au milieu du miroir ou du verre, ſera égale à la longueur du foyer qu'on cherche.

227. Pour faire cette expérience, lorſque le miroir eſt convexe, il faut que le plan ſur lequel on veut recevoir les

taches, soit percé d'un trou un peu plus grand que le cercle des petits trous d'épingle, afin que la lumiére du soleil puisse parvenir au miroir.

ARTICLE II.

Des Télescopes par Réfraction.

228. ON construit ordinairement trois sortes de Télescopes par réfraction ou sans miroir, qui différent entr'elles dans la figure, la position, & le nombre des oculaires.

229. La premiere espéce de Télescope, qu'on appelle *Lunette de Hollande*, ou *Lunette de Galilée*, (c'est celle qui a été inventée la premiere, vers l'an 1609, & qui a été seule en usage pendant près de quarante ans,) a pour oculaire un verre concave ou plan-concave PQ, (Fig. 31) placé entre l'objectif MN & son foyer *o*, en sorte que les axes des deux verres concourrent en une même droite A*o*, & leurs foyers en un même point *o*.

230. Par cette construction il est évident 1°. que parce que la surface de l'objectif peut être beaucoup plus grande que l'ouverture de la prunelle, il peut tomber sur l'objectif une quantité de rayons partis d'un même point d'un objet, beaucoup plus grande que celle qui pourroit entrer dans l'œil. 2°. Que l'objet étant comme infiniment éloigné, les rayons incidens & paralleles (réprésentés ici par AD, & par ses deux paralleles,) qui par la réfraction faite en traversant l'objectif MN, convergeroient au point *o*, redeviennent paralleles (197) après avoir traversé l'oculaire; mais que comme l'oculaire a été placé vers la pointe *o* du cone des rayons réunis par l'objectif, & que les rayons sont fort denses vers cette pointe, ces mêmes rayons sont fort denses en sortant de l'oculaire. 3°. Que par conséquent, si au sortir de l'oculaire, ils sont reçus par un œil d'une vuë excellente, ou par un œil presbyte,

presbyte, ils doivent (211) y former une image du point de l'objet d'où ils sont partis, laquelle est d'autant plus vive, que le faisceau de rayons sortans de l'oculaire est plus dense qu'il n'étoit en rencontrant l'objectif, & que l'ouverture de l'objectif est plus grande que celle de la prunelle.

231. A l'égard des points B de l'objet OB, qui sont situés hors de l'axe Ao du Télescope, il est clair qu'ils envoyent des rayons paralleles, (réprésentés ici par CD, & par ses deux paralleles) que l'objectif tend à réunir au point *b*, proche du point *o* (187) & qui rencontrant l'oculaire PQ, en sortent sensiblement paralleles & très-denses; de sorte qu'un œil presbyte ou un œil d'une vuë excellente, en doit recevoir une image très-vive du point B : mais parce qu'au sortir de l'oculaire, le faisceau qui forme cette image, diverge du faisceau qui forme celle du point *o*, un même œil ne peut recevoir en même tems ces deux images, à moins que sa prunelle ne soit assez ouverte & assez proche du concours F des directions de ces deux faisceaux; d'où il suit qu'*en regardant un objet par le moyen de ce Télescope, on voit un nombre de ses parties, d'autant plus grand, que l'œil est plus proche de l'oculaire, & que l'ouverture de la prunelle est plus grande.* Et parce que l'ouverture de la prunelle est naturellement fort petite, & qu'elle se rétrecit involontairement à proportion de la lumiére qui y entre, il est clair que *le champ de ces sortes de Télescopes est d'autant plus petit que l'objet est plus lumineux, & que l'oculaire est d'un plus grand foyer.* Enfin parce que la nature de la lumiére ne permet pas de mettre des oculaires d'un aussi petit foyer qu'on veut, qu'au contraire les foyers des oculaires doivent être plus longs, à proportion de la longueur des foyers des objectifs, comme on le verra dans la suite, (270) il suit que *le champ de ces sortes de Télescopes est d'autant plus petit, que le Télescope est plus long.* C'est cet inconvénient qui en a aboli l'usage pour les objets fort éloignés, & qui par conséquent demandent de longues lunettes : on n'en fait plus guères de cette espéce, que ceux qui doivent être fort courts, pour ne pas trop grossir les objets, tels que sont ceux qu'on nomme vulgairement *Lorgnettes d'Opera.*

232. On voit encore par la construction de ce Télescope ; que les objets y doivent paroître droits : car le faisceau *c* de rayons qui fait voir l'extrémité B de l'objet qui est au-dessous de l'axe AK, est aussi reçu par l'œil dans une direction *c* F, qui vient de dessous l'axe.

233. *Si* on suppose que *l'objet s'approche de plus en plus vers l'objectif*, il est clair (196) que son image s'en éloignera à proportion, & par conséquent *il faut éloigner aussi l'oculaire, en allongeant la Lunette*, afin que son foyer concourre toujours avec l'image formée par l'objectif.

234. Si l'œil appliqué sur l'oculaire est myope, il faut rapprocher l'oculaire vers l'objectif, afin qu'il voye distinctement. Car alors les faisceaux de rayons qui sortoient de l'oculaire paralleles entr'eux, en sortent divergens ; puisque (197) à mesure que l'objet *b o* s'éloigne du foyer du verre concave, les rayons réfractés convergent vers la partie opposée, & par conséquent ils divergent du côté où est l'objet *b o*, c'est-à-dire, du côté où l'œil est placé.

235. II. La seconde espece de Télescope, & presque la seule dont on fasse usage dans les observations des astres, & qu'on appelle pour cette raison *Lunette astronomique*, n'a aussi qu'un oculaire, c'est une lentille PQ (Fig. 32.) convexe d'un ou des deux côtés : elle est placée de sorte que son foyer *o* concourre avec celui de l'objectif MN ; mais ce foyer commun est entre les deux verres.

236. Selon cette construction, il est clair 1°. que les rayons partis d'un point O d'un objet OB infiniment éloigné, (ils sont réprésentés ici par AD, & par ses deux paralleles ; on suppose encore que le point O est dans la droite qui passe par le centre des deux verres, laquelle s'appelle l'*axe* de la Lunette) ayant traversé l'objectif, vont en se croisant à son foyer, y former une image *o* du point O.

237. 2°. Que cette image peut être regardée comme un objet placé au foyer de l'oculaire PQ, & que par conséquent les rayons qui l'ont formée venant à tomber sur l'oculaire, doivent (196) en sortir paralleles entr'eux, mais d'autant plus denses, que le foyer de l'oculaire est plus court que

celui de l'objectif : ils doivent donc former dans un œil presbyte (211) ou dans un œil d'une vuë excellente, une nouvelle image du point O, d'autant plus vive, que la surface de l'objectif sera plus grande, ou qu'elle aura admis plus de lumiére.

238. 3°. Qu'à quelque distance de l'oculaire que l'œil soit placé, pourvu qu'il soit dans la route du faisceau de rayons paralleles qui en sort, on doit voir également bien l'image que ce faisceau a formée au foyer commun de l'objectif & de l'oculaire.

239. 4°. Que les rayons paralleles partis de l'extrémité B de l'objet OB, doivent former en *b* près du foyer *o*, une image de cette extrémité (188), & que tombant ensuite sur l'oculaire, ils doivent en sortir paralleles entr'eux, mais d'autant plus inclinés à l'axe AF, que la courbure de l'oculaire est plus grande, en sorte que l'axe du faisceau qu'ils forment, doit aller couper l'axe commun des deux verres au foyer F de l'oculaire. Et par conséquent pour qu'un œil puisse voir toute l'image *ob* à la fois, il faut qu'il soit placé au point F où est l'intersection commune de tous les faisceaux de rayons venus de chaque point de l'image *ob*, ou de l'objet OB.

240. 5°. Que l'objet OB doit paroître renversé, puisque son image *ob*, qu'on voit par le moyen de l'oculaire, a une situation opposée à celle de l'objet ; & qu'on voit l'extrémité *b* par des rayons qui s'écartent de l'axe, en tendant au-dessus, tandis que le point B est au-dessous.

241. 6°. Que la grandeur du champ de ce Télescope dépend principalement de la grandeur de tout l'espace vers *ob*, qui peut être censé au foyer commun des deux verres : puisque l'œil placé au point F, peut voir (239) tous les points dont l'image est au foyer ou fort près du foyer de l'oculaire. Et c'est cet avantage qui a fait préferer ce Télescope à celui de la premiere espece.

242. 7°. Que si l'objet s'approche de plus en plus vers l'objectif, son image s'en éloigne à mesure (196), & que par conséquent il faut en éloigner aussi l'oculaire, en allongeant

le Télescope, afin que l'image reste toujours au foyer de l'oculaire. On peut donc, à l'aide de ce Télescope, voir également bien les objets proches ou éloignés, en mettant les deux verres à une distance convenable.

243. 8°. Que si celui qui se sert de ce Télescope est myope, il doit rapprocher l'oculaire vers l'objectif; ou, ce qui est le même, vers l'image *ob*, afin que cette image étant alors placée entre l'oculaire & son foyer, les rayons qu'elle laisse tomber sur ce verre, en sortent divergens (196).

244. III. La troisieme sorte de Télescope, qui est la plus en usage pour voir les objets terrestres, n'est autre chose que le Télescope précédent, auquel on a ajouté seulement deux autres oculaires pour redresser l'image renversée. La Fig. 33 en fait comprendre aisément la construction. Les quatre verres MN, PQ, RS, TV, ont un axe commun A*f*; Le foyer de chacun concourt de part & d'autre avec le foyer de chaque verre, entre lesquels il se trouve. Les foyers de ces trois oculaires sont d'une égale longueur ordinairement. Soit OB, un objet infiniment éloigné : les rayons paralleles partis du point O, qui est dans l'axe de la Lunette, vont, en se croisant par la réfraction faite dans l'objectif, former au foyer *o* une image du point O; de-là tombant sur l'oculaire PQ, ils en sortent paralleles; rencontrant ensuite l'oculaire RS, ils en sortent convergens au foyer *ω*, où se croisant, ils forment une seconde image du point O; puis tombant sur l'oculaire TV, ils en sortent encore paralleles, & capables par conséquent de former dans un œil presbyte, ou dans un œil d'une vuë excellente, une image vive de l'objet. De même, les rayons paralleles, partis de l'extrémité B de l'objet OB, après avoir traversé l'objectif, vont (187) former, en se croisant en *b*, une premiere image de ce point B; de-là tombant sur l'oculaire PQ, ils en sortent paralleles entr'eux, mais d'autant plus inclinés à l'axe A*f*, que le foyer de cet oculaire est plus court : après avoir coupé cet axe en F, ils tombent sur le second oculaire RS, d'où ils sortent convergens, pour former en *β* une seconde image; puis se prolongeans, ils rencontrent l'oculaire TV, d'où ils sortent encore paralleles &

inclinés à l'axe ; qu'ils vont couper au point f, où il faut placer l'œil pour voir l'image $\beta\omega$, comme ci-dessus (239), laquelle est droite, ou située de la même maniere que l'objet OB.

245. Ce Télescope qu'on appelle communement *Lunette à quatre verres*, a, comme on voit, les mêmes propriétés générales que la *Lunette astronomique*. Les avantages de cette derniére, & qui ont déterminé les Astronomes à s'en servir préférablement à l'autre, sont 1°. que la Lunette astronomique est capable d'un plus grand champ, 2°. qu'elle peut supporter un oculaire d'un foyer plus court, & par conséquent qu'elle grossit davantage. On verra dans la suite les raisons de ces deux propositions. 3°. qu'elle est plus courte ; 4°. qu'il y a moins de perte de lumiére, n'y ayant que deux verres à traverser.

ARTICLE III.

Des Télescopes Catadioptriques.

246. L'Idée générale de la construction d'un Télescope Catadioptrique, est de détourner le faisceau de rayons partis de l'objet, & qui s'étant réfléchis sur la concavité d'un miroir sphérique, convergent pour former une image F (Fig. 35.) de cet objet sur l'axe ou près de l'axe du miroir. La situation de cette image qui est en-deça du miroir & du même côté que l'objet, l'empêche d'être vûe directement par le moyen d'un ou de trois oculaires ; car il faudroit que le spectateur plaçât sa tête entre l'objet & l'image, ce qui empêcheroit la lumiére de l'objet de parvenir au miroir en assez grande quantité, & assez près de l'axe.

247. Pour éviter cet inconvénient, on place un petit miroir plan IH, incliné à l'axe du miroir sphérique de 45 degrés ; ce miroir plan renvoye en o la pointe du cone des rayons réfléchis où est l'image, & on ajuste un ou trois

oculaires dans la ligne *o*K, selon que l'on veut voir cette image renversée ou droite ; pour cet effet, on perce le côté MN du tuyau du Télescope.

248. Le principal avantage de ce Télescope, c'est de faire le même effet que les Télescopes à réfraction, quoiqu'il soit beaucoup plus court que ceux-ci ; ce qui vient de ce que la principale image de l'objet ne se trouve pas placée entre l'objectif & les oculaires, comme dans les Télescopes à réfraction de la seconde & troisiéme espece ; mais surtout de ce qu'un même miroir objectif peut sopporter des oculaires de foyers fort différens entr'eux, & même d'un foyer extrêmement petit ; ce qui fait qu'un même Télescope Catadioptrique équivaut à plusieurs Lunettes à réfraction de différentes longueurs, parce que ces dernieres ne peuvent guères être bonnes qu'en leur donnant des oculaires dont les foyers ayent certains rapports avec ceux des objectifs ; & les limites de ces rapports sont assez étroites, comme on verra dans la suite.

249. Dans l'usage de ce Télescope, on voit que le miroir plan IH doit être mobile, pour faire tomber les images des objets au foyer de l'oculaire, puisque (145) cette image s'éloigne du miroir objectif à mesure que l'objet s'en approche. Il faut aussi que l'oculaire puisse couler le long du tuyau MN du Télescope, en même tems que le miroir plan IH se meut en-dedans de ce tuyau, afin que cet oculaire place son foyer au sommet du cone des rayons détournés par le miroir plan IH.

250. On voit encore que les Myopes doivent rapprocher un peu le miroir plan IH, afin qu'en plaçant l'image entre l'oculaire & son foyer, les rayons sortent de l'oculaire en divergeant autant qu'il est nécessaire pour la leur faire voir distinctement.

251. On construit encore une autre espece de Télescope Catadioptrique, moins simple, & propre à voir les objets terrestres ainsi que les objets célestes : en voici une courte description.

On présente à un objet un miroir sphérique-concave AB

(Fig. 36) & un peu au-delà de l'image F, qui s'en forme ſur l'axe OF de ce miroir, on poſe un autre miroir ſphérique-concave CD, d'un foyer plus court, & d'une ouverture beaucoup plus petite, mais dont l'axe eſt dans la même droite que celui du premier miroir AB : l'image F eſt à l'égard du miroir CD, comme un objet placé entre ſon foyer G, & ſon centre E; c'eſt pourquoi (143) il s'en forme ſur le même axe une ſeconde image H, laquelle eſt d'autant plus éloignée au-delà du centre E, que la premiere image F eſt plus près du foyer G du petit miroir; & parce qu'en approchant ce petit miroir de l'image F, ou en l'en écartant, on porte la ſeconde image H à la diſtance qu'on veut, on a coûtume de la placer un peu en-deçà du miroir AB, qu'on perce vers ſon milieu I, afin que l'image H puiſſe être vûe à l'aide d'un oculaire PQ : & il eſt évident que cette image doit paroître droite. Car (147) elle eſt renverſée à l'égard de l'image F, laquelle eſt renverſée à l'égard de l'objet.

252. Lorſque l'objet eſt fort lumineux, on peut pour aggrandir la ſeconde image, la faire tomber vers O au-delà du miroir AB, & placer en O le foyer d'un oculaire PQ, afin que les rayons qui tendent à former l'image vers O, tombant ſur cet oculaire, en ſortent paralleles, & ſoient reçus enſuite ſur un autre oculaire placé au-delà du point O, qui les faſſe converger en un point où il faut mettre l'œil.

253. On voit que dans ces deux ſortes de Téleſcopes le petit miroir placé dans l'axe du grand, arrête néceſſairement tous les rayons paralleles à l'axe, qui tomberoient ſur le milieu du miroir objectif; c'eſt pourquoi il eſt indifférent qu'en cet endroit le miroir ſoit percé, ou non.

254. Les déſavantages de ces Téleſcopes ſont, qu'ils ont peu de champ; qu'ils ſont difficiles à diriger vers les objets; qu'ils demandent des précautions extraordinaires, tant dans leur conſtruction que dans leur uſage; qu'ils ſont d'une très-grande dépenſe, & très-faciles à gâter.

ARTICLE IV.

Des Microscopes.

255. LA premiere espece de Microscopes qui soit en usa-
I. ge, est une simple Lentille MN (Fig. 34) convexe d'un ou des deux côtés, & qu'on appelle en général *une Loupe.* En la présentant à un objet OB, de sorte que le foyer qui est sur son axe, tombe sur le point O que l'on veut considérer, les rayons qui partent de ce point pour traverser la Louppe, en sortent paralleles (196) & par conséquent propres à former une image de ce même point dans un œil presbyte, ou dans celui d'une vuë excellente, placé à une distance quelconque sur leur direction. (Un œil myope verroit également le point O, en le plaçant un peu en-deça du foyer de sa Loupe.) Le point B de l'objet OB, assez voisin de l'axe de la Loupe pour être censé à son foyer, envoye aussi des rayons qui sortent de la Loupe sensiblement paralleles entr'eux, mais d'autant plus inclinés à l'axe, que la convexité de la Loupe est d'une plus petite sphere, ou que son foyer est plus court. C'est pourquoi en plaçant l'œil vers le point *o* de cet axe, par où passe le rayon principal BC, (& par conséquent l'œil doit être fort près de la Loupe) on verra distinctement l'objet OB, sous l'angle B*o*O, lequel sera paroître cet objet d'autant plus gros, qu'il est situé plus en-deça de la portée ordinaire de la vuë.

256. Par exemple, de ce qu'un homme d'une vuë ordinaire ne peut distinguer parfaitement les objets, à moins qu'ils ne soient éloignés de son œil d'environ 7 à 8 pouces, si *o* *ω* représente cette distance, on ne pourra s'imaginer que le diametre OB de l'objet qu'on voit distinctement à l'aide de la Loupe, soit aussi proche de l'œil qu'il l'est réellement, mais on le croira situé vers *ω*, de sorte qu'il paroîtra aggrandi (79) dans le rapport de *ωβ* à OB, ou de *oω* à *o*O. D'où on

voit *que la grosseur apparente des objets vus à l'aide d'une Loupe, dépend en partie de la conformation de l'œil.*

257. II. A la place d'une Loupe, on se sert très-avantageusement d'une petite sphére de verre, qu'on forme très-facilement en faisant fondre un petit morceau de glace à la flamme d'une méche imbibée d'esprit de vin. Car en reprenant la formule $x = \frac{6drR + 4erR - 2deR}{3dR - 6rR - de + 3dr + 2er}$ (183), pour avoir l'expression du foyer d'une sphere de verre, on a $e = 2r$, $r = R$, & $d = \infty$: donc en substituant $x = \frac{1}{2}r$: c'est-à-dire, que si on place un objet sur l'axe d'une sphere, à la distance d'un quart de son diametre, les rayons de lumiére qui entreront dans la sphere près de cet axe, en sortiront paralleles entr'eux ; on pourra donc voir distinctement cet objet, qui paroîtra d'autant plus grossi, qu'il sera placé plus près de l'œil, & par conséquent que la sphere sera d'un plus petit diametre.

258. On peut encore faire une espece de Microscope simple avec une boule de verre pleine d'eau. Elle fera à-peu-près un même effet qu'une petite sphere de verre, à cause que l'épaisseur du verre de la boule étant très petite, & formée d'ailleurs de deux surfaces concentriques, la réfraction se fera à-peu-près comme si la boule étoit toute d'eau. Mais parce que la réfraction est moindre dans l'eau que dans le verre, puisque (130) le sinus d'incidence dans l'eau est au sinus de l'angle brisé comme 4 à 3, le foyer de la boule, où l'objet doit être posé, afin que les rayons qu'il envoye sur la boule en sortent paralleles, est à la distance d'un demi-diametre de sphéricité de la boule ; ce qu'on trouve facilement par la formule générale des foyers (182), en faisant $p = 4$, $q = 3$, $r = R$, $e = 2r$: & $d = \infty$. D'où l'on voit qu'à diametre égal, ces boules ne grossissent pas tant les objets, que celles qui sont purement de verre.

259. On peut aussi faire une loupe purement d'eau, en faisant un petit trou dans une plaque mince de métal, & en le remplissant d'une goute d'eau posée avec la tête d'une épingle, afin que la plaque ne soit pas mouillée vers les bords

du trou, & que la goutte garde sa rondeur de part & d'autre. Cette Loupe d'eau sera encore un meilleur effet, si dans chacune des deux faces opposées d'une plaque épaisse d'environ $\frac{3}{4}$ de ligne, on fait une très-petite cavité sphérique sur un axe commun, & d'un rayon inégal, en sorte qu'il ne reste entr'elles qu'une très-petite épaisseur qu'on percera d'un trou d'éguille ; & on remplira le tout avec une goutte d'eau.

260. III. La seconde espece de Microscopes a beaucoup de rapport au Télescope astronomique. Elle est composée de deux lentilles convexes, dont l'objectif MN (Fig. 37) est d'un foyer fort court : on place un objet OB un peu au-delà, afin que (196) son image *ob* soit éloignée & grossie à proportion ; on place ensuite le foyer d'un oculaire au lieu où est cette image, afin de la voir distinctement.

261. On voit par cette construction, 1°. que *la distance de l'image à la Lentille objective doit beaucoup varier, pour peu que celle de l'objet* OB *varie* (196 ;) & comme il est difficile de s'assurer de placer un objet assez positivement en une place fixe, ou à une distance donnée ; dans l'usage de ce Microscope, il faut toujours avancer ou reculer l'oculaire, jusqu'à ce qu'on voye distinctement l'image de l'objet : ou bien il faut pouvoir procurer à l'objet ou à tout le Microscope, un mouvement aussi doux qu'on veut ; ce qui s'exécute avec plus ou moins de facilité, selon la construction de la monture de ce Microscope. 2°. Que *l'objet paroît d'autant plus gros, que son image* o b *est plus éloignée de l'objectif* MN, *& qu'étant vûe à l'aide de l'oculaire, elle est plus en-deça de la portée ordinaire* (256) *pour être vûe distinctement à la vuë simple.* 3°. Que *la grosseur apparente de l'objet doit varier à proportion que l'on l'éloigne de l'objectif*, puisqu'à proportion l'image *ob* s'en rapproche aussi, & diminue en même tems.

262. IV. On place quelquefois un oculaire à-peu-près au milieu entre l'objectif MN & l'image *ob*, afin que cette image se fasse beaucoup plus proche de l'objectif, & que par conséquent le tuyau du Microscope devienne plus court : on aggrandit même par ce moyen le champ du Microscope, comme on le peut voir en construisant une figure ; mais ces

deux avantages sont legers, en comparaison de la perte de la lumiére, qui se fait en traversant un oculaire de plus.

263. V. Enfin on peut construire des Microscopes Catadioptriques, en plaçant un objet entre le centre d'un miroir concave & son foyer, afin que l'image qui se porte (143) au-delà du centre, puisse être vûe distinctement par le moyen d'un oculaire. Smith décrit aussi un Microscope formé de deux miroirs sphériques, l'un concave & l'autre convexe, percés tous deux d'un trou rond, fait dans leur milieu, pour laisser un passage libre aux rayons de lumiére; on place l'objet entre le centre & le foyer du miroir concave, & les rayons qui sont réfléchis sur ce miroir, sont reçus sur le miroir convexe, qui les renvoye former l'image vers le trou du miroir concave, où on la voit par le moyen d'un oculaire.

ARTICLE V.

Remarques générales sur les Télescopes & Microscopes.

264. I. *LA tangente de l'angle sous lequel le demi-diametre d'un objet est vu par un des deux premiers Télescopes*, & même par le troisieme, en supposant les trois oculaires d'un foyer égal, *est à la tangente de l'angle sous lequel on le voit à la vuë simple, comme la longueur du foyer de l'objectif est à la longueur du foyer de l'oculaire*, en négligeant l'épaisseur de ces verres.

Car on voit l'extrémité B de l'objet (Fig. 31 & 32) par le faisceau Fc de rayons paralleles, & son extrémité O par le faisceau oK : donc l'angle cFK des axes de ces faisceaux est celui sous lequel on voit l'objet par le moyen du Télescope : & à cause que l'image ob est au foyer de l'oculaire PQ, les rayons qui partent du point b (consideré comme un objet isolé) pour tomber sur l'oculaire, doivent (196) sortir paralleles au rayon principal bK; donc l'angle $cFK = bKo$.

Mais l'angle ODB ou son égal *b*D*o* (puisque (195) le rayon BD traverse le verre MN sans se briser) est celui sous lequel un œil placé en D verroit l'objet OB sans le Télescope : donc l'angle sous lequel on voit l'objet par le Télescope, est à l'angle sous lequel on le voit sans Télescope, comme l'angle *b*K*o* est à l'angle *b* D *o*. Or dans les triangles rectangles *b*K*o*, *b*D*o*, en prenant *b o* pour rayon, *o* K est la cotangente de *b*K*o*, & *o*D la cotangente de *b*D*o*. Donc ces cotangentes sont comme *o*K à *o*D ; donc (Elem. 737) les tangentes des angles *b*K*o*, *b*D*o*, sont entr'elles comme *o*D à *o*K.

265. COROLL. I. Puisque (77) les grandeurs apparentes des objets dépendent principalement des angles optiques, sous lesquelles on voit leurs demi-diametres, il suit que *la grandeur du diametre d'un objet vû au Télescope, est à sa grandeur, à la vuë simple, comme la longueur du foyer de l'objectif est à la longueur du foyer de l'oculaire :* ou, ce qui est le même, *la grandeur apparente des diametres des objets vûs aux Télescopes, est en raison composée de la directe des longueurs des foyers des objectifs, & de l'inverse des longueurs des foyers des oculaires.*

266. COROLL. II. De même, puisque (79) les distances apparentes des objets sont en raison inverse des angles optiques sous lesquels on voit leurs demi-diametres, il suit que *la distance apparente d'un objet vû avec une Lunette, est à la distance apparente à la vuë simple, comme la longueur du foyer de l'oculaire, est à la longueur du foyer de l'objectif.*

267. Ce qu'on vient de faire voir à l'égard des Télescopes par réfraction, est vrai à l'égard des Télescopes Catadioptriques, & à l'égard des Microscopes de la seconde espece, ainsi qu'on peut s'en convaincre en relisant le tout sur la Figure 35, en mettant les lettres virgulées o', b', c', K', F', à la place des lettres *o*, *b*, *c*, K, F, & en supposant le rayon incident OD, assez près de l'axe, pour qu'on puisse prendre le Triangle $o'b'$D pour rectangle, & dans la Figure 37 en lisant *la distance de l'image à l'objectif*, à la place de *la longueur du foyer de l'objectif.*

268. COROLL. III. *Pour voir les objets à l'aide d'une*

Lunette ; en sorte qu'ils paruſſent les plus gros qu'il eſt poſſible, il faudroit que le foyer des objectifs des Lunettes fût fort long, & celui des oculaires fort court ; & c'eſt pour cela qu'on employe des Lunettes plus longues, à proportion que les objets ſont petits & fort éloignés : mais la figure ſphérique qu'on donne aux verres, & la nature de la lumiére ne permettent pas de profiter de cet avantage autant qu'on pourroit d'abord ſe l'imaginer ; on en verra la raiſon dans la ſuite.

269. II. Les Téleſcopes & les Microſcopes qui ont une image de l'objet au foyer de l'oculaire, & du côté oppoſé à l'œil, ont cet avantage, que l'on peut meſurer toutes les dimenſions de cette image, en faiſant mouvoir dans tout l'eſpace qu'elle occupe, des fils extrêmement déliés ; tels ſont ceux qu'on leve de deſſus une coque de ver à ſoye : (on appelle *Micrometre*, une machine deſtinée à cet uſage.) Car ces fils ſe voyent très-diſtinctement, & l'oculaire eſt à leur égard un Microſcope de la premiere eſpece ; on aura ces dimenſions avec d'autant plus de préciſion, que l'image ſera plus groſſie par l'oculaire, & que les fils ſeront plus exactement dans le même plan que l'image : & c'eſt ce dont on s'aſſûre, lorſque l'objet, la Lunette & les fils reſtant fixes, on meut l'œil en tout ſens, ſans que le même point de l'objet ceſſe de paroître ſur un même endroit du fil.

270. III. Si en gardant la même ouverture à l'objectif, on veut employer ſucceſſivement différens oculaires pour voir l'image peinte au foyer de l'objectif, on la voit d'autant plus obſcure, que le foyer de l'oculaire eſt plus court. Car les faiſceaux de rayons paralleles, qui s'entrecoupent tous au lieu où l'œil doit être placé, forment une eſpece de cône, dont l'oculaire eſt la baſe, & le ſommet dans l'œil : Ce ſommet eſt d'autant plus obtus, que le foyer de l'oculaire eſt plus court ; d'où il ſuit que les rayons de lumiére entrent dans l'œil plus écartés ou moins denſes, & que par conſéquent l'image qu'ils y forment, eſt d'autant moins vive, quoique plus groſſe. *L'obſcurité des images eſt en raiſon inverſe des quarrés des longueurs des foyers des oculaires.* Car la quantité de lumiére étant la même (à cauſe de l'ouverture de l'objectif

qui est la même) l'obscurité est d'autant plus grande, que la densité de la lumiére est plus petite : la densité est d'autant plus petite, que l'espace que la lumiére occupe est plus grand ; c'est-à-dire, que les aires des images sont plus grandes, & par conséquent (Elem. 608) que les quarrés des diametres apparens des objets sont plus grands. Ainsi l'obscurité dans les Télescopes est en raison directe des quarrés des diametres apparens des images. Mais (265) les diametres apparens sont en raison composée de la directe des longueurs des foyers des objectifs, & de l'inverse de celle des foyers des oculaires ; & par conséquent la longueur du foyer de l'objectif restant la même, les diametres apparens des images sont en raison inverse des longueurs des foyers des oculaires : donc l'objectif étant le même, l'obscurité des images est en raison inverse des quarrés des longueurs des foyers des oculaires.

271. IV. Deux Télescopes ou deux Microscopes sont censés également bons dans leur espece, lorsqu'ils font voir les objets avec la même clarté, ou avec une même vivacité de lumiére ; or en supposant les objectifs & les oculaires d'une matiére également bonne, d'une figure & d'un poli également parfaits, *la clarté des objets est en raison composée de la raison directe des quarrés des diametres de l'ouverture de l'objectif, & de l'inverse du quarré du nombre de fois dont chaque Télescope ou Microscope augmente le diametre des objets*. Si donc c exprime la clarté, d le diametre de l'ouverture, a la distance de l'objectif à l'image, b la longueur du foyer de l'oculaire, & par conséquent (265) $\frac{a}{b}$ le nombre de fois dont le diametre des objets est augmenté, je dis que $c = \frac{bbdd}{aa}$.

Car les aires des images formées sur la retine sont comme les aires des images formées par l'objectif ; & ces aires sont (Elem. 608) comme les quarrés de leurs diametres, & par conséquent (265) comme $\frac{aa}{bb}$. Si donc ces aires des images de la retine sont les mêmes, leurs clartés seront comme la quantité de lumiére qui passera par les ouvertures des objectifs : cette quantité est comme l'aire des ouvertures, & par conséquent comme les quarrés des diametres des ouvertures (Elem. 608). Ainsi les quarrés des augmentations du diametre de l'objet étant les mêmes, les clartés des images sont comme les quarrés des diametres des ouvertures des objectifs, ou $c = dd$. Mais si les ouvertures des objectifs étoient égales, les quantités de lumiére seroient égales, & la clarté des peintures seroit (270) en raison inverse des quarrés des diametres des images, ou $c = \frac{bb}{aa}$. Donc les ouvertures des objectifs étant différentes, & les augmentations des diametres des objets n'étant pas les mêmes, l'expression de la clarté des images sera $c = \frac{bbdd}{aa}$.

272. V. Les grands Télescopes, tels que ceux qui grossiroient les diametres des objets 80, 100 fois ou plus, ne peuvent servir à voir distinctement les objets terrestres, mais seulement les astres. Car la lumiére des objets terrestres, déja beaucoup plus foible que celle des astres, se trouve alors trop dispersée dans les larges images que forment les objectifs de ces Télescopes. D'ailleurs cette lumiére vient en rasant la surface de la terre ; elle est à chaque pas arrêtée en partie ou détournée par les molécules grossieres qui s'élevent dans l'atmosphere, & qui sont dans une agitation continuelle ; d'où il résulte un tremblement dans les parties de l'image qui paroit mal terminée. Ce dernier inconvénient est sensible lorsqu'on observe les astres par un tems chargé de vapeurs humides ou agitées par la chaleur, quoique le ciel paroisse serein.

CHAPITRE VI.

Des obstacles qu'on rencontre dans la construction des Télescopes & des Microscopes, & qui les rendent nécessairement imparfaits.

ON rencontre deux sortes d'obstacles dans la construction de toutes les machines dioptriques & catoptriques : le premier vient de la figure que l'on doit donner aux surfaces réfringentes ou réfléchissantes, laquelle ne peut être que plane ou sphérique ; du moins il est très-difficile & comme physiquement impossible d'en donner exactement une autre : le second vient de la décomposition qui se fait des rayons de lumiére, lorsqu'ils se réfractent ou qu'ils se réfléchissent.

ARTICLE I.

Des obstacles qui viennent de la sphericité des surfaces ; & de la maniére d'y rémédier.

273. ON a vû dans le calcul des formules qui ont servi (134 & 182) à déterminer les longueurs des foyers des surfaces sphériques réfringentes & réfléchissantes, qu'on a supposé que la courbure de cette surface étoit insensible depuis l'axe de sphéricité qui passe par l'objet, jusqu'au point d'incidence du rayon parti du même objet, & qui tombe obliquement sur cette surface. Dans cette hypothese les formules font voir que tous les rayons partis d'un même point vont se couper aprés leur réflexion ou réfraction, en un seul & même point : & comme cette hypothese ne peut être vraie géométriquement, il suit qu'il n'y a pas de vrai foyer formé par

par des surfaces sphériques, & que les rayons qu'elles transmettent ou qu'elles renvoyent, se réunissent d'autant moins exactement, que l'étendue de ces surfaces est d'un plus grand nombre de dégrés ; de sorte que ce que nous avons appellé *foyer*, ne peut être que le lieu, où un plus grand nombre de rayons, différemment convergens, occupent le moins d'espace, & sont plus denses.

274. D'où l'on voit que chaque foyer a une certaine étendue en tout sens, & que les rayons qui s'entrecoupent dans le voisinage de ce foyer, doivent rendre l'image confuse & défigurée.

275. Etant donnés le nombre de dégrés de l'étendue d'une surface réfringente ou réfléchissante, on peut calculer la longueur du foyer des rayons qui tombent sur ses bords (135 & 184), & en la comparant à celle des rayons qui passent fort près de l'axe, ou à celle qu'on déduit des formules générales pour les foyers ; on en conclura l'espace qui est occupé par ces deux foyers extrêmes. Cet espace n'est guères considérable que dans les Microscopes à réfraction, où à cause de la petitesse du foyer de la Lentille objéctive, sa courbure est tres-sensible dans une petite étendue de sa surface.

276. On rémedie à ces défauts causés par la sphéricité des surfaces, 1°. en donnant peu d'ouverture à la surface de l'objectif qui est tournée vers l'objet, en sorte que l'arc qui en mesure l'étendue, soit d'un petit nombre de dégrés : ayant égard cependant à ce que ce peu d'ouverture n'empêche pas qu'il n'entre une quantité suffisante de lumiére, pour rendre les images claires & vives : 2°. en mettant un *diaphragme* à l'endroit du foyer. C'est une surface noire, plane & opaque, percée d'un trou rond, d'un diametre à-peu-près égal à celui de l'image du plus grand objet qu'on puisse voir distinctement par le moyen de l'oculaire. Les bords de ce diaphragme arrêtent les rayons inutiles, & les absorbent. 3°. On peint aussi le dedans du tuyau en noir, pour arrêter tous les rayons qui viennent des objets fort écartés de l'axe, & qui étant entrés très-obliquement, pourroient, après s'être réfléchis dans le tuyau, venir traverser l'image ou l'oculaire, & rendre la vision confuse.

277. De sçavans Géometres avoient démontré quelles étoient les courbures qu'il falloit donner aux surfaces résringentes & réfléchissantes, pour leur faire réunir en un seul & même point, tous les rayons partis aussi d'un même point: mais malheureusement la sphéricité des surfaces est le plus petit des obstacles qui s'opposent à la perfection des machines dioptriques.

ARTICLE II.

Des obstacles qui viennent de la décomposition des rayons de la lumiére.

NOus avons avancé en parlant de la Vision (15), que la lumiére étoit un composé de rayons de différentes especes, de la combinaison desquelles dépendoient les couleurs: il faut montrer ici en peu de mots les principales expériences sur lesquelles cette assertion est fondée.

278. I. Supposons une chambre obscure (préparée comme au N°. 5) que C (Fig. 38) soit un petit trou par lequel un faisceau AB de rayons du soleil entre, & va former en D sur un carton blanc exposé au trou ou sur la muraille opposée LK, une image blanche de cet astre, composée (50) d'autant de cercles lumineux confondus, qu'il y a de points dans la surface du trou. Si l'on intercepte ces rayons, en y présentant une des faces QR d'un prisme triangulaire de verre, tellement situé, que son axe soit dirigé perpendiculairement à l'axe de ce faisceau; alors l'image blanche D du soleil se change en une figure lumineuse FG, placée plus haut, oblongue, arrondie par les deux bouts, applatie par les côtés, & composée des sept couleurs de l'arc-en-ciel, en sorte que l'espace *r* est rouge, l'espace *o* orangé, l'espace *i* jaune, &c.

279. D'où on voit 1°. que cette figure (ou spectre) n'a pu se former ainsi, à moins que les rayons du faisceau AB, qui sans le prisme seroient restés confondus jusqu'en D,

n'ayent été séparés en se réfractant sur les deux faces inclinés QR, PR.

280. 2°. Que l'image D étant blanche, & le spectre FG étant composé de toutes les couleurs successives de l'arc-en-ciel, *le blanc ne doit être autre chose qu'un mélange de toutes les couleurs ensemble ; & chacune des autres couleurs, que des rayons d'une certaine espece.* Ce qui se prouve d'ailleurs par une infinité d'expériences, entr'autres par celle-ci.

281. II. Si l'on met une lentille convexe à la place où est le spectre FG, pour réunir en un même foyer tous les rayons qui le composent, en plaçant un plan uni à l'endroit de ce foyer, comme un carton, on y verra une image ronde & blanche. En rapprochant ce carton vers la lentille, l'image restera blanche vers le milieu ; elle sera terminée de rouge en bas, & de bleu pourpre par le haut, parce que la réunion des rayons n'est pas encore faite en cet endroit, & que le rouge domine vers F, le bleu & le pourpre vers G ; en éloignant le carton un peu au-delà du foyer par rapport à la lentille, on y voit une image blanche vers le milieu, bordée de rouge en haut & de bleu en bas, à cause que les rayons se sont croisés au foyer.

282. On voit 3°. que *les rayons rouges sont ceux qui se brisent le moins, ou qui sont les moins réfrangibles, ensuite les orangés, puis les jaunes*, &c. Et M. Newton a déterminé par des mesures fort exactes que du passage de l'air dans le verre, le sinus de l'angle d'incidence est au sinus de l'angle brisé (car ces deux sinus sont dans un rapport constant pour les rayons de la même espece) ainsi qu'il est exprimé dans la Table suivante.

Pour toutes les nuances successives des rayons véritablement		depuis	jusqu'à	
Rouges	comme	1, 54	1, 5425	à 1.
Orangés		1, 5425	1, 544	
Jaunes		1, 544	1, 54667	
Verds		1, 54667	1, 55	
Bleus		1, 55	1, 55333	
Pourpres		1, 55333	1, 55555	
Violets		1, 55555	1, 56	

283. Il est aisé de reconnoître à la vuë des termes confus de chacune des couleurs du spectre, & de sa figure oblongue arrondie par les bouts, qu'il n'est qu'un amas d'images circulaires du soleil, qui sont chacune d'une couleur plus ou moins foncée, en suivant l'ordre que nous avons énoncé ci-dessus.

284. III. Si après avoir fait un trou à l'endroit du carton où le spectre FG se peint, en sorte qu'il ne passe par ce trou que des rayons rouges, on y présente un ou successivement plusieurs prismes, une ou plusieurs lentilles de verre; la lumiére qui les traversera, ne donnera plus que du rouge, quelque réflexion ou réfraction qu'on lui fasse souffrir, quelle que soit la couleur des verres au travers desquels on la fera passer, & celle des plans sur lesquels on l'arrêtera. Il arrivera seulement que ce rouge sera plus ou moins vif, selon que les couleurs de ces verres ou de ces plans seront plus ou moins analogues au rouge. Il en est de même des autres rayons colorés, lesquels étant une fois séparés des autres, ne peuvent plus perdre leur couleur.

285. On peut réunir ensemble, par une lentille de verre, deux ou trois des couleurs du spectre, & en former des couleurs composées à volonté; les nuances en varieront selon les rapports des quantités de rayons de chaque espece : on les décomposera ensuite, si l'on veut, par le moyen du prisme.

286. IV. Soit un prisme isoscele QTH (Fig. 39) rectangle en T. Que sur la face TQ on fasse tomber un faisceau AK de lumiére du soleil, à-peu-près perpendiculairement à à cette face, afin qu'il puisse y entrer sans se briser, une partie DL de ce faisceau se réfléchit sur la base HQ, & sortant encore à-peu-près perpendiculairement à la face HT, (à cause de l'angle droit T), elle va en faisceau de rayons paralleles de D en M; & mettant la face GE d'un prisme FGE, à-peu-près perpendiculairement à la rencontre de ce faisceau, on forme un spectre *vr*, avec toutes ses couleurs, (désignées ici par les premieres lettres de leur nom) quoiqu'assez foibles, à cause du petit nombre des rayons réfléchis sur HQ. Le reste de la lumiére du faisceau AD sort du prisme HTQ, réfractée & divisée en rayons de

plusieurs couleurs DR, DO, DI, &c. En tournant un peu le prisme HTQ, sur son axe, de sorte que l'angle d'incidence du faisceau AD sur la base HQ, commence à devenir trop grand, pour que la lumiere puisse sortir du prisme en se réfractant, & que par conséquent elle commence à ne pouvoir plus que se réfléchir, on voit d'abord disparoître le rayon violet DU, puis le pourpre DP, ensuite le bleu DB, &c. mais en même tems les couleurs *v*, *p*, *b* du spectre *v r*, deviennent successivement plus vives, ce qui fait voir que ces rayons qui disparoissent, vont en se réfléchissant sur HQ, se joindre au faisceau DM, & qu'ainsi les rayons les plus réfractés sont aussi réfléchis les premiers. Donc les rayons violets, par exemple, n'ont pas la même réflexibilité que les rayons rouges, puisqu'étant tous confondus dans le faisceau de rayons paralleles AD, les rayons violets commencent à se réfléchir avant les rouges. D'où il suit enfin *que les rayons de lumiére ont différens dégrés de réflexibilité, & que les plus réfrangibles sont en même tems les plus réflexibles.*

ARTICLE III.

Application générale des propriétés précédentes de la Lumiére aux Télescopes & aux Microscopes.

287. DE la diverse réfrangibilité & réflexibilité des rayons de lumiére, il suit évidemment, que ce que nous avons appellé l'*image* d'un point, faite au foyer d'un verre par exemple, ne doit être réellement qu'une suite de points colorés *r*, *o*, *i*, *u*, *b*, *p*, *v*, (Fig. 40) arrangés selon l'ordre des couleurs de l'arc-en-ciel, en sorte que le foyer *r* des rayons rouges est le plus loin du verre, & le foyer *v* des rayons violets en est le plus près. Ces derniers rayons colorés étant prolongés, après avoir coupé l'axe, vont traverser ou du moins passer sur les bords des images qui sont plus loin du verre, ce qui les rend confuses ou du moins les fait paroître entourées de franges colorées, dans lesquelles le bleu

& le pourpre dominent ordinairement ; & c'est ce que les opticiens appellent des *Iris*.

288. Cet inconvénient tombe principalement sur les images formées par les objectifs des Télescopes & des Microscopes, & surtout 1°. lorsque ces images se font loin de l'objectif, parce que la séparation d'un faisceau de lumiére en rayons colorés, causée par la réfraction ou par la réflexion, ne se faisant que sous de très-petits angles, elle devient sensible à proportion de la distance de l'image à la surface réfringente ou réfléchissante. 2°. Lorsque l'ouverture de l'objectif est grande, c'est-à-dire, que l'étendue de la surface de l'objectif qui reçoit la lumiére, est un arc de plusieurs dégrés ; parce que plus cette ouverture est grande, plus l'angle d'incidence des rayons qui tombent vers ses bords est grand ; leur réfraction est donc à proportion plus grande, & en même tems les angles des écarts des rayons colorés sont aussi plus grands ; par conséquent les couleurs sont plus séparées, & cette séparation devient plutôt sensible.

ARTICLE IV.

Application aux Télescopes & Microscopes par Réfraction.

289. PAr le calcul de la formule générale trouvée ci-dessus (182), en faisant $q=1$, & successivement $p=1,54$ pour les rayons rouges, puis $p=1,56$ pour les violets, on peut voir jusqu'où peut s'étendre le spectre coloré rv (Fig. 40) dans un Télescope. Ainsi en négligeant l'épaisseur du verre, ou faisant $e=0$, $r=R$ & $d=\infty$, on réduira la formule à celle-ci, $x=\frac{pqr}{2pp-2pq}$. On aura donc pour le foyer des rayons rouges, $x=0,925926\,r$, & pour celui des rayons violets, $x=0,89286\,r$. Or il est aisé de voir que ces deux coefficiens sont entr'eux comme 28 à 27.

(car la différence des logarithmes de ces deux coefficiens est égale à la différence entre les logarithmes de 28 & de 27) Donc *lorsque l'objet est à une distance infinie, la longueur du spectre coloré, formé par la différente réfrangibilité de la lumiére, est $\frac{1}{28}$ de la longueur du foyer de la lentille.*

290. Mais parce que la lumiére est la plus dense & la moins séparée qu'il est possible vers l'endroit CD, qui est sensiblement au milieu du spectre coloré, & où par conséquent on peut supposer le vrai lieu de l'image des objets blancs, tels que sont les astres, il suit 1°. que *dans un Télescope, les termes de la vision confuse, occasionnée par la différente réfrangibilité des rayons, sont de part & d'autre du vrai lieu de l'image des objets éloignés, à $\frac{1}{55}$ environ de la longueur du foyer de l'objectif.*

291. A cause des triangles semblables vCF, vAG, on a $CF : Fv :: AG : Gv$; donc CF est aussi $\frac{1}{55}$ de AG: Donc 2°. *le diametre CD des franges colorées qui entourent l'image F d'un point fort éloigné, est $\frac{1}{55}$ de l'ouverture de l'objectif.*

292. Rem. I. En plaçant l'image en CD, l'effet des images particulieres *r, o, j, u, b, p, v*, est de jetter des nébulosités sur l'image F; & l'effet des rayons qui coupent CD, est d'entourer d'*Iris* cette image F: de sorte que chaque point sensible d'une image étant entouré d'Iris, & accompagné de nébulosités, l'image entiere d'un objet en devient confuse.

293. Coroll. I. Si l'objet vû par un Télescope est d'une certaine couleur, par exemple, rouge, il est clair que pour le voir distinctement, il faut allonger la lunette en retirant l'oculaire, parce que l'image la plus distincte de l'objet est vers *r*. Ce seroit le contraire s'il étoit bleu ou pourpre: d'où on voit que *le foyer des Télescopes & Microscopes varie selon la couleur des objets que l'on voit par leur moyen.* Il en est de même lorsque l'on voit les astres par un tems qui n'est pas parfaitement serein: selon que les vapeurs ou de nuages legers laissent passer plus de rayons d'une certaine couleur que d'une autre, l'image de cet astre se fait plus près ou plus loin de l'objectif, comme l'a remarqué M. Bouguer.

294. COROLL. II. Il est évident que les angles de dispersion des rayons colorés restans les mêmes, plus la droite AG sera petite, plus CF sera petite. On peut même dire que Fv sera aussi plus petite, à cause que l'extension du foyer causée par la sphéricité du verre sera plus petite (276). *On diminue* donc *les Iris & les nébulosités de l'image* F, *à mesure qu'on diminue l'ouverture de l'objectif.* Mais comme par ce moyen on perd de la lumiére, & à proportion de la clarté dans l'image, on voit qu'il faut regler l'ouverture des objectifs, de sorte qu'il y entre suffisamment de lumiére; que les images soient les plus nettes qu'il est possible, & sans Iris sensibles, ce qu'on ne peut déterminer que par l'expérience, & selon la bonté des verres dont on se sert.

295. REM. II. En faisant de pareils calculs pour les microscopes, selon les circonstances & les dimensions données, on verra dans quel cas les Iris & les nébulosités occupent un espace plus ou moins considérable, & sont par conséquent plus ou moins sensibles; d'où on déterminera combien on peut donner d'ouverture à l'objectif, pour laisser entrer le plus de lumiere qu'il est possible, sans rendre l'image confuse. Pour le plus sûr, on pourra couvrir l'objectif de diaphragmes de différens diametres successivement, pour trouver celui qui fait le meilleur effet dans les circonstances présentes.

296. REM. III. Les rayons pourpres & violets du Spectre coloré sont très-foibles, & presque toujours insensibles, à moins que l'objet n'ait une lumiére extrêmement vive, telle qu'est celle du soleil; les rayons bleus sont même assez foibles, aussi bien que les rayons rouges qui sont vers *r*. Il suit de-là 1°. que dans les Télescopes & Microscopes, il faut diminuer de beaucoup la longueur du spectre coloré réel, pour la réduire à celle du spectre coloré sensible, & celle du diametre des Iris réelles, pour le réduire à celui des Iris sensibles. M. Newton trouve qu'au lieu de $\frac{1}{55}$, on peut mettre $\frac{1}{250}$ environ. 2°. Que le vrai lieu CD de l'image F doit être placé entre les foyers des rayons jaunes & orangés, où, selon les expériences du prisme, la lumiére est la plus vive: (ce point se trouve en faisant dans la formule des foyers des verres $p = 17$ & $q = 11$).

297. REM. IV. En diminuant l'ouverture des objectifs, on n'ôte pas entierement les Iris, on ne fait que les diminuer; & ce qui en reste, paroît d'autant moins large & moins coloré, ou pour mieux dire, moins éloigné de la couleur de l'objet, que l'ouverture de l'objectif est plus petite, & l'objet plus lumineux : d'où il suit que *les Iris augmentent le diametre apparent des images;* ce qui a lieu aussi dans les objets qu'on regarde à la vuë simple : l'ouverture de la prunelle fait à l'égard des images qui s'en forment dans l'œil, ce que fait l'ouverture de l'objectif à l'égard des images qui sont à son foyer. Par cette observation on rend raison de plusieurs illusions optiques; par exemple, 1°. *pourquoi un feu vû de loin paroît sous un angle plus grand qu'on ne le trouve par le calcul de sa largeur réelle comparée à sa distance.* C'est ainsi que M. Picard observa qu'un feu large de 3 pieds, vû de nuit dans une Lunette à la distance de près 32000 toises ou 16 lieues Parisiennes, avoit un diametre apparent de 8″, tandis qu'il ne devoit être que de 3″ & un quart. 2°. *Pourquoi les étoiles qui paroissent avoir un diametre sensible, s'évanouissent en un instant, lorsque le bord obscur de la Lune vient à les rencontrer en s'avançant assez lentement vers elles.* 3°. *Pourquoi les plus belles étoiles paroissent avoir un diametre à proportion plus petit, lorsque l'on les regarde avec un long Télescope, qu'avec un plus court,* qui par conséquent grossit bien moins les objets. Il faut remarquer que les ouvertures des objectifs des longs Télescopes sont à proportion plus petites que dans les Télescopes plus courts. Pour un Télescope astronomique de 30 pieds de long, on ne donne que 3 pouces d'ouverture à son objectif, & pour un Télescope de 3 pieds, on donne près d'un pouce d'ouverture. 4°. *Pourquoi en considerant la Lune avec un Télescope, lorsqu'elle est encore nouvelle, & que la lumiére que la Terre lui renvoye est assez forte pour faire voir assez distinctement la partie de la Lune qui n'est pas éclairée par le Soleil, on voit que le demi-cercle lumineux qui termine la Lune du côté du Soleil, est sensiblement plus grand que le demi-cercle qui la termine du côté opposé.* 5°. *Pourquoi lorsque le bord lumineux de la Lune s'avance vers une étoile de la premiere grandeur,*

pour la cacher, cette étoile, dont la lumiére est beaucoup plus vive que celle de la Lune, ne s'éclipse qu'après avoir paru entrer toute entiere sur le disque de la Lune; si ce n'est que cette étoile reste visible, tant qu'elle ne se trouve pas derriere le vrai bord de la Lune, & qu'elle n'est que dans l'espace transparent qu'occupe l'Iris qui entoure la Lune.

298. SCHOLIE. Il résulte en général de toutes les observations précédentes, que ce n'est que par l'expérience & selon les différentes maniéres dont les corps sont éclairés & colorés, qu'on peut regler l'ouverture des objectifs des Télescopes & Microscopes, le vrai lieu des images & le diametre des diaphragmes qu'on y doit placer pour en borner le champ.

299. A l'égard de la proportion qu'il doit y avoir entre la longueur du foyer de l'objectif & celle de l'oculaire, on ne doit aussi la déduire que de l'expérience, parce qu'elle doit varier beaucoup selon les circonstances de la perfection des objectifs, & de la lumiére de l'objet. Ainsi, avec un objectif bien travaillé, on pourra voir très-distinctement un objet fort lumineux, à l'aide d'un bon oculaire d'un foyer assez court, parce que l'image étant sans défaut sensible & bien vive, on la pourra voir par une Louppe qui la grossisse beaucoup: mais si l'objet est obscur, on ne peut le voir que par un oculaire qui disperse peu la lumiére de son image, & dont par conséquent le foyer ne soit pas tropcourt; ou si l'objectif a quelque défaut, ce qui rend aussi l'image défectueuse, il ne la faut regarder qu'avec un oculaire qui grossisse peu, afin que les défauts de l'image soient moins sensibles. Les objets qu'on veut voir de jour demandent aussi des oculaires plus foibles, à cause de la grande lumiére, qui étant entrée dans l'œil du spectateur, l'a ébloui avant que l'œil fût appliqué à la lunette.

300. On ne peut donc établir sur toutes ces choses aucune régle constante de pratique: ce ne doit être que par l'usage des machines dioptriques, & par les mesures actuelles des dimensions de celles qui sont les plus estimées, que l'on doit se régler pour proportionner les parties de celles qu'on voudroit

construire sur leur modéle. Ce qui doit s'entendre aussi des tuyaux, montures, & en général de tout l'appareil nécessaire pour l'usage de ces machines.

301. Nous ajouterons seulement ici les dimensions que nos meilleurs Ouvriers donnent aux Lunettes & aux Microscopes ordinaires.

Pour une Lunette à quatre verres.

Longueur du Foyer des Objectifs.	Diametre de l'ouverture des Objectifs.	Longueur du Foyer des Oculaires.	Diametre du Diaphragme au Foyer de l'Objectif.	Augmentation des Diametres apparens des Objets.
1 pied	4 lignes $\frac{1}{2}$	16 lignes	4 lignes	9 fois
2	$6\frac{1}{2}$	22	$5\frac{1}{2}$	13
3	9	26	$7\frac{1}{2}$	17
4	11	28	9	21
5	12	30	10	24
6	13	31	$10\frac{1}{2}$	28
7	14	34	11	30
8	15	36	$11\frac{1}{2}$	32

Cette Table suppose que les objectifs sont bons, sans être des plus excellens; car ceux-ci pourroient supporter des oculaires d'un foyer plus court, & des ouvertures plus grandes à l'objectif & au diaphragme du foyer.

Pour les Lunettes Astronomiques.

Longueur du Foyer des Objectifs.	Diametre de l'ouverture des Objectifs.		Longueur du Foyer de l'Oculaire.		Augmentation des Diametres apparens des Objets.
pieds	pouces	lignes	pouces	lignes	environ
1	0	$6\frac{1}{2}$	0	8	20 fois
2	0	9	0	10	28
3	0	$11\frac{1}{2}$	1	$0\frac{1}{2}$	34
4	1	1	1	$2\frac{1}{2}$	40
5	1	$2\frac{1}{2}$	1	4	44
6	1	4	1	6	49
7	1	$5\frac{1}{2}$	1	$7\frac{1}{2}$	53
8	1	$6\frac{1}{2}$	1	$8\frac{1}{2}$	56
9	1	8	1	$9\frac{1}{2}$	60
10	1	9	1	11	63
11	1	10	2	0	66
12	1	11	2	2	69
14	2	$0\frac{1}{2}$	2	3	72
16	2	2	2	5	75
18	2	4	2	7	79
20	2	$5\frac{1}{2}$	2	$8\frac{1}{2}$	85
25	2	8	3	0	89
30	3	0	3	$3\frac{1}{2}$	100
35	3	3	3	7	109
40	3	6	3	10	118
45	3	8	4	$0\frac{1}{2}$	126
50	3	10	4	3	133
					141

302. Lorsque les objectifs sont excellens, on peut leur donner des ouvertures plus grandes, & des oculaires d'un foyer plus court. C'est ainsi qu'un objectif excellent de 34 pieds, travaillé par Campani, porte aisément un oculaire de deux pouces & demi de foyer, & une ouverture de 4 pouces de diametre : alors il amplifie 163 fois les diametres apparens des objets.

303. Pour un Microſcope à trois verres, l'oculaire doit être d'un pouce de foyer, & d'environ 9 lignes de diametre; le verre du milieu placé à huit lignes de diſtance de l'oculaire, doit avoir 18 lignes de foyer, & un pouce de diametre. On y peut ajuſter différentes Lentilles objectives de rechange; par exemple, de 6, de 4, de 8, de 1 lignes de foyer : mais les ouvertures de ces Lentilles doivent être très-petites, & aſſujetties à la bonté des verres. Leur diſtance à l'oculaire peut être de ſix pouces environ.

ARTICLE V.

Application aux Téleſcopes & Microſcopes Catadioptriques.

304. L'Expérience a fait voir que la différente réflexibilité des rayons de lumiére ne troubloit pas tant, à beaucoup près, les images formées par réflexion, que la différente réfrangibilité ne trouble celles qui ſont formées par réfraction. C'eſt pourquoi on peut donner une ouverture beaucoup plus grande aux miroirs objectifs des Téleſcopes & Microſcopes, qu'aux verres objectifs de même foyer : d'où il ſuit que, toutes choſes d'ailleurs égales, les images par réflexion, étant beaucoup plus vives, & mieux terminées, on peut les voir à l'aide d'une Lentille d'un foyer très-court : on peut donc les voir très-grandes ſans ceſſer d'être claires; ce qui ne ſe peut faire avec des Téleſcopes par réfraction, à moins qu'ils ne ſoient d'autant plus longs (comme les Tables de l'Article précédent le ſont voir,) & par conſéquent d'autant plus incommodes à manier.

305. Dans l'uſage des Téleſcopes Catadioptriques de la premiere eſpece (décrite No. 246) on ſe ſert de différens oculaires, ſelon la lumiére de l'objet que l'on veut voir, & ſelon la grandeur dont on veut que ſon diametre apparent ſoit augmenté. Voici les dimenſions qu'on peut donner aux par-

ties de ce Télescope, pour faire un bon effet. (Voyez Smith, Tom. I. pag. 364.)

Longueur du Foyer du Miroir concave.	Diametre de l'ouverture du Miroir.		Longueur moyenne du Foyer de l'Oculaire.		Augmentation des Diametres apparens des Objets
pieds	pouces	lignes	lignes	centiémes	environ
$\frac{1}{2}$	0	11	2,	00	36 fois
1	1	6	2,	39	60
2	2	6	2,	83	102
3	3	3	3,	13	138
4	4	1	3,	37	171
5	4	10	3,	54	202
6	5	7	3,	73	232
7	6	3	3,	88	260
8	6	11	4,	01	287
9	7	7	4,	13	314
10	8	2	4,	24	340
11	8	9	4,	34	365
12	9	4	4,	44	390

A l'égard du petit miroir plan IH (Fig. 35) il doit être ovale, parce qu'il coupe sous un angle de 45° l'axe A o' du cône Do'D de rayons incidens parallelement à l'axe : ses dimensions se reglent sur l'espace que tous les rayons réfléchis occupent à l'endroit où on doit poser le miroir, pour faire usage de l'oculaire, dont le foyer est le plus court ; ce qui se peut aisément calculer. J'ai un pareil Télescope, dont le foyer du miroir objectif est de 2 pieds : le petit miroir a près de 7 lignes dans sa plus grande largeur, & 5 dans sa plus petite.

CHAPITRE VII.

Diverſes Queſtions ſur l'Optique.

LA néceſſité d'être court dans ces Leçons, & la connexion trop intime d'un grand nombre des parties de l'Optique avec la Phyſique Expérimentale, qui ne fait pas l'objet de nos Exercices, nous ont obligé de paſſer ſur une infinité de recherches curieuſes & intéreſſantes. Cependant pour tenir lieu de ſupplément à ce qu'il y a de moins dépendant de la Phyſique, & pour exercer les Commençans, nous allons propoſer quelques queſtions, en indiquant ſeulement les réponſes.

306. I. *Pourquoi voit-on de grandes traînées de lumiére; lorſqu'on reçoit un coup à la tête dans l'obſcurité?*

Le coup ébranle & fait trémouſſer pendant quelque tems toutes les parties élaſtiques de la tête, & par conſéquent les fibres des nerfs optiques, ce qui excite une ſenſation pareille à celle d'une lumiére confuſe.

307. II. *Pourquoi voyons-nous beaucoup mieux à travers les vîtres les Paſſans dans la rue, que les Paſſans ne nous voyent à travers les mêmes vîtres?*

Ceux qui ſont dans la rue ſont dans un grand jour, où le peu de rayons qui ſortent de la chambre par les vîtres, fait peu d'impreſſion; c'eſt le contraire pour ceux qui ſont dans la chambre.

308. III. *Pourquoi en regardant au jour la tête d'une éguille poſée près de l'œil, & entre l'œil & un carton percé d'un très-petit trou d'éguille, cette tête paroît-elle derriere le carton & renverſée?*

On ne la voit pas en-deçà du carton, parce qu'elle eſt trop près de l'œil, & l'on la voit au-delà & renverſée, par la même raiſon qu'un ſpectateur placé en-dehors d'une chambre obſcure, & qui y pourroit regarder par le trou, ſans empêcher la lumiére d'y entrer, verroit les images renversées des objets extérieurs.

309. IV. *Pourquoi un charbon allumé tourné rapidement, paroît-il faire un ruban de feu ?*

L'impression de la lumiére sur la retine, y cause des tremoussemens, qui ont une certaine durée, pendant laquelle la sensation reste la même : & ces tremoussemens durent pendant le tems de la révolution du charbon, lorsque l'on lui fait décrire très rapidement un petit cercle.

Le sens de la vuë est un des plus paresseux : le passage successif & rapide de plusieurs couleurs différentes, n'y peut donc faire autant d'impressions distinctes, n'y procurer à la vuë un plaisir semblable à celui qu'on procure à l'oreille par une suite de sons harmonieux produits rapidement.

310. V. *Pourquoi voit-on souvent un grand nombre de nuages blancs, disposés en bandes circulaires, peu larges, & qui se réunissent toutes à un même point dans l'horizon ?*

Quand des nuages fort legers, & par conséquent fort hauts, sont détachés les uns des autres, un vent un peu élevé & parallele à l'horizon, les chasse tous du même côté en longues bandes paralleles entr'elles & à l'horizon, lesquelles doivent (82) paroître tendre à un même point de réunion dans la ligne de niveau qui passe par l'œil, & par conséquent dans l'horizon. Et parce qu'on voit ces bandes fort éloignées, comme si elles étoient couchées sur le fond de la voûte celeste, elles paroissent circulaires.

311. VI. *En regardant un Lustre allumé, suspendu à une longue corde, & qui tourne sur son axe, pourquoi arrive-t-il souvent que les uns soutiennent qu'il tourne dans un sens, & les autres dans le sens opposé, quoiqu'on le voye du même endroit ?*

Les bougies allumées forment un cercle ; on rapporte le mouvement du Lustre au diametre qui passe par l'œil. A une distance un peu considérable, on ne peut s'assûrer quelle est la bougie qui est à l'extrémité de ce diamerre la plus éloignée de l'œil (89), surtout quand le plan du cercle passe à-peu-près par l'œil, ou quand on ne fait pas attention à l'effet de la perspective. Donc de deux personnes qui prendront la bougie

bougie la plus proche, l'un comme la plus proche, l'autre comme la plus éloignée, le premier verra le Lustre tourner dans un sens, le second dans le sens opposé.

La même chose peut arriver à deux personnes qui ne voyent que très-obliquement le plan d'une giroüette, ou celui des aîles d'un moulin-à-vent un peu éloigné.

312. VII. *D'où vient l'éblouissement qu'on sent en passant de l'obscurité à un grand jour, & l'aveuglement en passant du grand jour dans une obscurité médiocre?*

Dans l'obscurité la prunelle est extrêmement ouverte, dans le grand jour son ouverture est fort petite. Le mouvement de l'Iris par lequel cette prunelle se dilate ou se contracte n'est pas fort prompt : la lumiére qui tombe subitement sur la prunelle très-ouverte, entre en trop grande quantité pour faire une image distincte (288), elle ébranle trop subitement & trop violemment les organes de la vuë, c'est l'éblouissement. Un œil dont la prunelle est très-resserrée, & qui passe subitement dans l'obscurité, ne reçoit pas d'abord assez de lumiére pour distinguer quelque chose, c'est l'aveuglement : il ne cesse que lorsque la prunelle a eu le tems de se dilater suffisamment.

313. VIII. *Pourquoi un objet posé fort près de l'œil, & vû par un très-petit trou d'épingle fait dans un feuillet de papier noirci, paroît-il d'autant plus gros qu'il est plus près de l'œil, tandis qu'en le regardant sans ce petit trou, il paroît sensiblement de la même grosseur, quoiqu'on le mette à différentes distances de l'œil.*

La vision se fait parfaitement par ce trou (213), & le papier posé sur l'œil, arrête la vuë des objets circonvoisins, & ne laisse à juger de la grosseur des objets, que par la grandeur des images formées dans l'œil.

314. IX. *Pourquoi certaines personnes voyent-elles plus clair la nuit que d'autres?*

Ce sont principalement les Myopes, qui voyent distinctement & sans effort les objets voisins, au lieu que ceux qui ont une bonne vuë ordinaire, sont obligés de serrer les yeux, & par conséquent de rétrecir leur prunelle, pour voir les objets fort proches, ce qui fait qu'ils en reçoivent beaucoup moins de lumiére que les Myopes.

315. X. *Pourquoi les Myopes voyent-ils ordinairement les objets éloignés plus gros que ceux qui ont une bonne vuë ?*

Les images distinctes ne se font dans l'œil qu'au point d'intersection des rayons de lumiére partis d'un même point : l'œil myope ne reçoit sur la retine tous ces rayons qu'au-delà de leur point d'intersection, & par conséquent en un endroit où ces rayons font des faisceaux plus écartés.

316. XI. *Pourquoi ceux qui deviennent Presbytes ne peuvent-ils plus lire une écriture fine, qu'en l'exposant au soleil, ou qu'en mettant une forte lumiére fort près de cette écriture ?*

Une lumiére très-vive fait rétrecir leur prunelle, & la réduit à n'être presque qu'un très-petit trou, au-travers duquel la vision est distincte (213).

317. XII. *Pourquoi ceux-même qui ont la vuë fort bonne, croyent-ils voir une espece de visage dans la Lune pleine, tandis qu'avec un Télescope on n'en voit aucune apparence ?*

Il y a sur la Lune, & surtout vers deux de ses bords opposés, de grandes taches, ou pour mieux dire, de grands espaces plus obscurs que le reste : (les Astronomes appellent ordinairement ces grands espaces obscurs, *les Mers de la Lune*). Ces amas de grandes taches ne vont pas jusqu'aux bords de la Lune, ni jusqu'au centre, mais ils sont disposés de part & d'autre du centre, & séparés par une bande plus claire, qui traverse la Lune par le milieu de son disque, & qui est cependant entrecoupée vers ses deux bouts, de taches longues & étroites & de points brillants. Il n'y a pas de doute que la grande distance de la Lune à la Terre, & l'éclat de sa lumiére totale, n'empêchent de voir bien distinctement les vraies figures de ces espaces clairs & obscurs. Cela joint au préjugé reçu à la vuë des images de la pleine Lune dessinée comme un visage, fait que les deux grands espaces obscurs, bordés d'un clair vif vers la circonférence de la Lune, & séparés par un clair vers le milieu, paroissent être comme des joües, cet espace clair du milieu comme un nés, & les clairs semés d'obscurs vers ses deux extrémités semblent former le reste du visage. Mais le Télescope faisant voir distinctement toutes les parties de la Lune bien terminées, cette apparence de visage s'évanouit entierement.

318. Ceci nous conduit à une observation importante. Si l'éclat de la lumiére de la Lune étoit la principale cause de la confusion avec laquelle on voit ses taches, on y remédieroit aisément, en la regardant par un petit trou (212). Cependant quoique ces taches soient assez grandes, & quelque excellente que soit la vuë de l'Observateur, on ne peut les voir bien terminées qu'à l'aide d'un Télescope : il faut donc que la Lune soit au-delà de la portée des meilleurs yeux ; & comme elle est éloignée de la terre d'environ 90000 lieues, que par conséquent les rayons qu'un même point de sa surface nous renvoye, sont aussi sensiblement paralleles qu'il est possible, il suit clairement que *le parallelisme des rayons de lumiére, en entrant dans un œil d'une vuë excellente, n'y cause pas une vision distincte, mais qu'au contraire il leur faut toujours un peu de divergence :* sans cela en effet les objets les plus éloignés se verroient très-distinctement ; ce qui est évidemment faux & contraire à l'expérience. Par le moyen des Télescopes, on peut procurer aux rayons de lumiére la divergence qui leur est nécessaire ; on peut par conséquent voir toujours les objets distinctement, toutes choses d'ailleurs égales. Mais pour cela le foyer de l'oculaire ne doit pas concourir exactement avec le lieu de la vraie image formée par l'objectif ; il doit être tant-soit-peu au-delà, afin que les rayons en sortent divergens. La différence néanmoins est presque imperceptible dans les Télescopes, mais elle est sensible dans les Microscopes tant simples que composés, à proportion de l'augmentation qu'ils donnent aux diametres apparens des objets, & selon la conformation de l'œil de celui qui s'en sert. C'est pourquoi il ne faut pas prendre à la rigueur les regles générales que nous avons données, tant pour la construction que pour le calcul des effets des Télescopes & Microscopes, & qui supposent que pour la vision distincte des images, les rayons doivent sortir des oculaires en faisceaux paralleles. Nous nous sommes arrêtés à

cette hypothese, parce que le parallelisme est un cas simple ; & qu'il est à très-peu près celui qui convient à la nature des yeux bien conformés. Ces regles peuvent donc passer pour suffisamment exactes dans les Télescopes ; mais dans les Microscopes on doit les regarder comme propres à déterminer à-peu-près les circonstances nécessaires pour voir distinctement les objets, & pour connoître le rapport entre leur grandeur réelle & leur grandeur apparente, en sorte qu'il n'y ait plus qu'un petit tâtonnement à faire, pour avoir la meilleure position des verres entr'eux & par rapport à l'objet, & qu'à corriger le calcul des regles générales, par la mesure des dimensions que l'expérience aura déterminées dans les différens cas.

319. XIII. *Pourquoi lorsque le Soleil ou une autre lumiére vive éclaire le dedans d'un vase rond, voit-on en dedans de ce vase deux especes de demi-cercles lumineux, qui se joignent en forme de cœur, & dont le point de réunion se rapproche d'autant plus du centre ou de l'axe du vase, que la lumiére se rapproche aussi de ce vase ?*

Ces courbes lumineuses sont l'effet des intersections très-voisines des rayons de lumiére réfléchis sur chacun des points consécutifs de la demi-circonference concave du vase qui est éclairée, comme la Figure 41 le fait voir. Le point B est le foyer de cette demi-circonference, & sa distance au centre dépend (145) de celle de l'objet lumineux à la circonference éclairée. Les deux courbes AB, BC, s'appellent *caustiques par réflexion.*

320. XIV. *Pourquoi en poussant une épée nuë vers un grand miroir sphérique-concave, fait-on peur à ceux qui se regardent dans ce miroir ?*

Lorsque l'épée est située entre le centre & le foyer du miroir, son image renversée est en-deçà du miroir & du même côté que les spectateurs ; cette image s'éloigne du miroir (143) à mesure que l'épée en approche réellement : la pointe semble par conséquent se porter vers les spectateurs.

321. XV. *Lorsque le Soleil, la Lune ou un flambeau éclairent une eau courante, comme une Riviere, pourquoi voit-on sur*

sa surface une très-longue traînée lumineuse, tremblante & interrompue?

Les parties de l'eau courante glissent les unes sur les autres en petites lames, qui font l'effet d'autant de petits miroirs plans différemment inclinés, & qui changent à tout moment de grandeur, de place, de vîtesse & d'inclinaison : elles se presentent tantôt du côté du spectateur, tantôt à l'opposite.

322. XVI. *En regardant fort obliquement dans une glace de miroir, pourquoi y voit-on cinq ou six images d'une bougie allumée & posée tout près du miroir?*

L'épaisseur de la glace est composée de plusieurs couches ou lames de verre posées les unes sur les autres, & dont les surfaces font l'effet d'autant de miroirs plans.

323. XVII. *Pourquoi lorsqu'un bâton droit est à-demi enfoncé dans l'eau, paroît-il toujours tellement brisé à la surface de l'eau, que lorsque l'œil d'un spectateur est dans le plan de l'angle brisé, la portion qui est dans l'eau semble d'autant plus courte & d'autant plus inclinée vers le spectateur & vers la surface de l'eau, que la portion qui est hors de l'eau, est plus inclinée vers la surface de l'eau du côté où est le spectateur.*

La réponse est facile à la simple inspection de la Figure 42, où les rayons HT, GT, qui partent du bout T du bâton, étant brisés, puis reçus par l'œil en O dans les directions HO, GO, ils paroissent concourir en τ ; de sorte que l'œil en O voit la partie BT du bâton, comme si elle étoit Bτ, au lieu que l'œil en *o* la voit comme si elle étoit B*t*.

324. XVIII. *Pourquoi les objets vûs à travers une masse d'eau ou un morceau de glace de miroir un peu épais, paroissent-ils plus gros, plus proches, & souvent plus clairs?*

Soit IK (Fig. 43) l'ouverture de la prunelle. L'objet O se voit à travers le verre par les rayons extrêmes OBDI, OCEK, qui paroissent venir du point *o*, & former un angle I*o*K plus grand que l'angle à la vuë simple IOK. Les rayons qui tombent de l'objet sur le verre entre B & C, parviennent à l'œil ; à la vuë simple, il n'y peut parvenir que les rayons compris entre F & G, & qui sont par conséquent en moindre quantité.

325. XIX. *Pourquoi un plongeur ne peut-il voir que très-confusément les objets lorsqu'il est dans l'eau?*

La réfraction des rayons à l'entrée de l'air dans l'eau, est presqu'aussi grande que celle qui se fait dans notre œil : donc lorsque l'œil est dans l'eau, il ne se fait qu'une très-petite réfraction des rayons, & par conséquent il ne s'y peut former d'images distinctes, que fort au-delà de la retine.

326. XX. *Pourquoi les crystallins des poissons sont-ils des globes sensiblement sphériques & solides?*

La réfraction est plus grande ordinairement dans les milieux plus denses, & le foyer dans les spheres est (257) beaucoup plus court que dans les Lentilles convexes : or pour voir dans l'eau, les poissons ont besoin d'une réfraction plus grande que celle qui se fait dans nos yeux ; aussi lorsqu'ils sont hors de l'eau, ils ne peuvent voir distinctement les objets.

327. XXI. *Pourquoi ceux qui regardent un flambeau en clignant les yeux ou en pleurant, voyent-ils sortir du flambeau des traînées de lumiére, surtout dans la partie supérieure & dans la partie inférieure?*

C'est l'effet d'une réfraction irréguliére, qui se fait dans les liqueurs qui humectent les bords des paupieres, qu'on approche des bords de la prunelle en clignant les yeux, ou dans celles qui se répandent sur la cornée en pleurant.

328. XXII. *Pourquoi un objet vû à travers d'un verre à facettes, paroît-il multiplié à proportion du nombre de ces facettes?*

De tous les rayons, qui partis d'un objet un peu éloigné tombent sous des angles à-peu-près égaux sur l'étendue d'une des facettes, plusieurs parviennent à l'œil par le moyen des deux réfractions : ils forment un faisceau capable de peindre dans l'œil une image de l'objet, qui doit par conséquent paroître situé dans l'axe de ce faisceau. Or chacune de ces facettes étant différemment située l'une à l'égard de l'autre, elles doivent produire autant de faisceaux, dont les axes ont des positions déterminées par celles des facettes ; on doit donc voir autant d'images différentes & différemment situées, qu'il y a de facettes qui envoyent des rayons dans l'œil.

329. XXIII. *Pourquoi les objets paroissent-ils si gros par le moyen de la Lanterne Magique?*

AC (Fig. 44) est un miroir sphérique-concave, B une forte lumiére posée un peu en-deçà du foyer, pour faire converger les rayons de lumiére réfléchis sur le miroir, DD une lentille de verre pour les faire converger davantage, aussi bien que ceux qui viennent directement du flambeau B; EF est un objet peint de couleurs transparentes, sur un morceau de glace & dans une situation renversée. Les rayons qui traversent cet objet, tombent sur la lentille GH, qui les fait converger & former une image en K, où se trouve l'ouverture d'un diaphragme, qui arrête les rayons inutiles, & dont la réfraction est irréguliere. Les rayons s'étant croisés en K, rencontrent une lentille LM d'un foyer assez long, qui fait diverger extrêmement tous ces rayons, qu'on reçoit sur un plan blanc & uni, à la plus grande distance qu'il est possible, en menageant la lumiére & la distinction dans l'image *se* qui se peint droite sur ce plan. Or il est visible que pour produire tous ces effets, la lentille DD doit avoir son foyer en-deçà de B, la lentille GH doit avoir un de ses foyers entr'elle & l'objet EF, le foyer de la lentille LM doit être au-delà de K vers GH.

330. XXIV. *Pourquoi en regardant une bougie au travers d'un petit trou fait dans une plaque de metal, & rempli d'une goutte de liqueur transparente, & qui contient des petits animaux, voit-on quelquefois très-distinctement un de ces animaux extrêmement gros?*

La surface intérieure de la goute est à l'egard de l'animal qui y nage, comme un miroir sphérique-concave. Si donc l'animal est entre le foyer & la surface intérieure opposée à l'œil, en sorte que les rayons partis de l'animal & réfléchis sur cette surface qui les renvoye du côté de l'œil, viennent à sortir de la boule paralleles entr'eux, l'œil qui les recevra verra l'image de la surface de l'animal qui est opposée à l'œil, & cette image sera d'autant plus grande, que l'animal sera plus près du foyer du miroir sphérique qui la forme.

FIN.

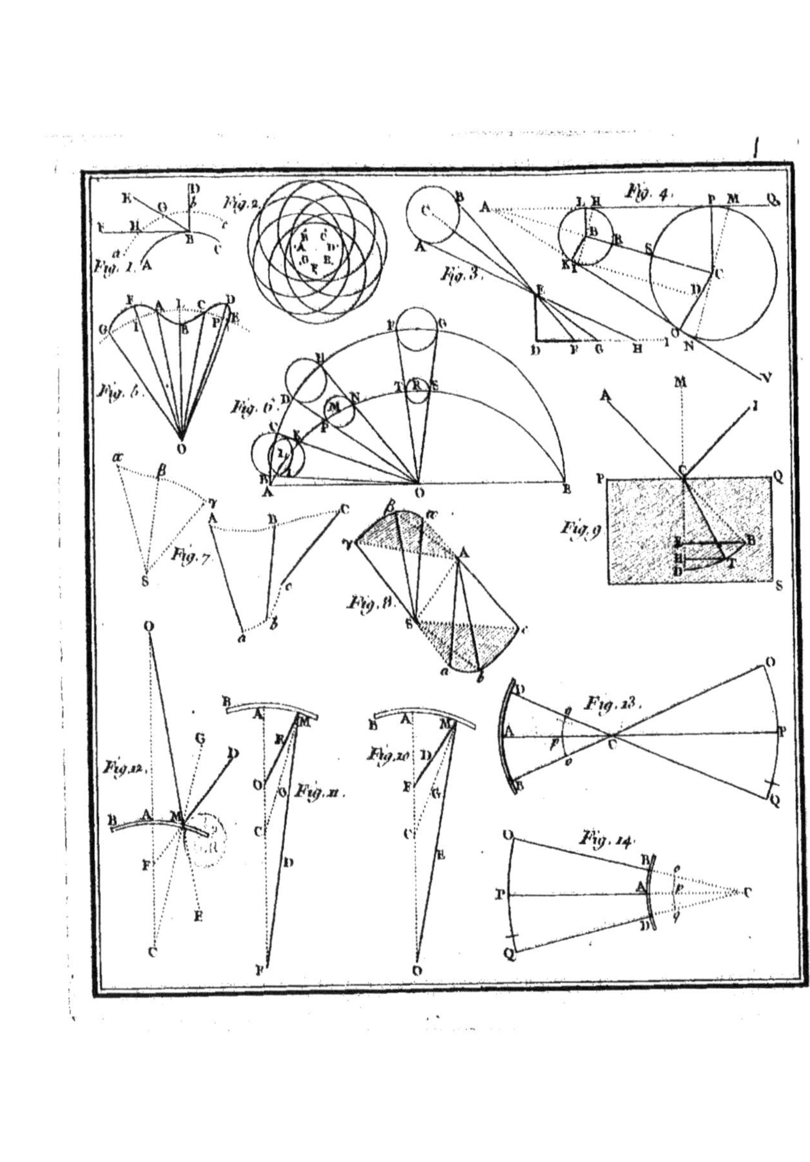

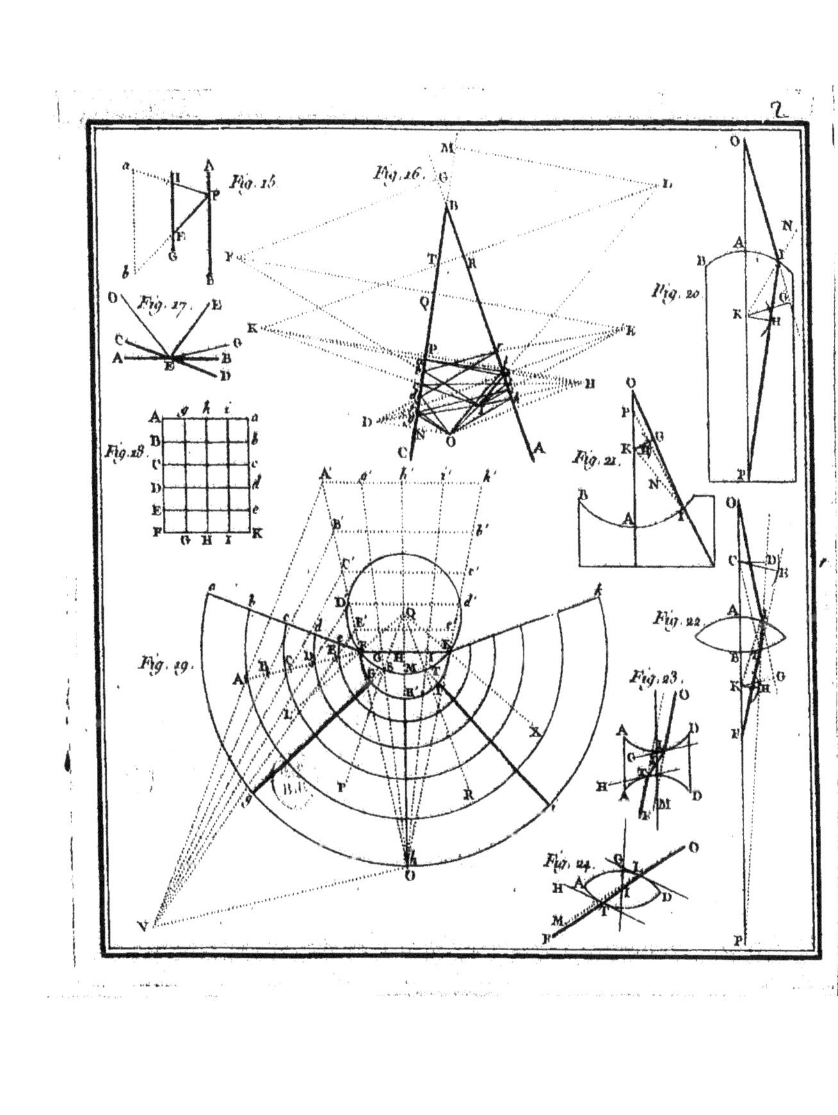
2
Fig. 15
Fig. 16
Fig. 17
Fig. 18
Fig. 19
Fig. 20
Fig. 21
Fig. 22
Fig. 23
Fig. 24

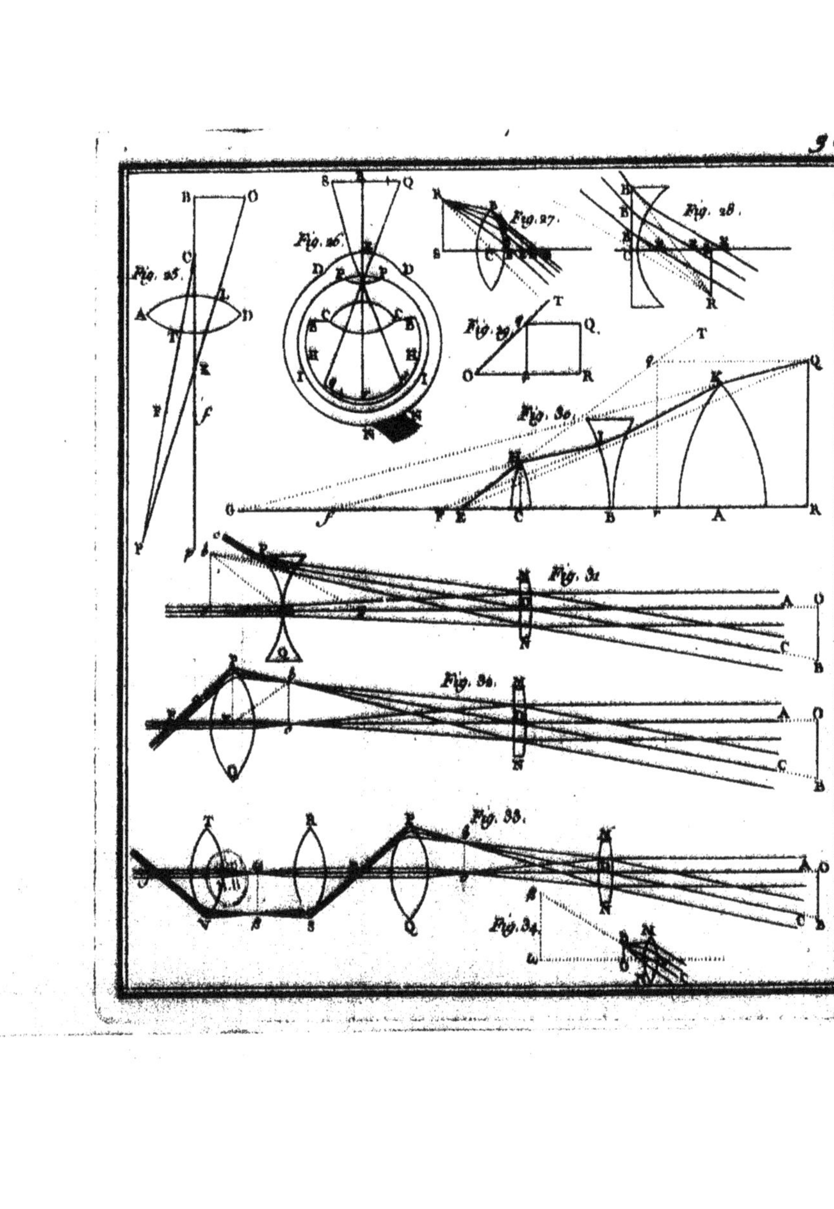
9.
Fig. 25.
Fig. 26.
Fig. 27.
Fig. 28.
Fig. 29.
Fig. 30.
Fig. 31
Fig. 32.
Fig. 33.
Fig. 34.

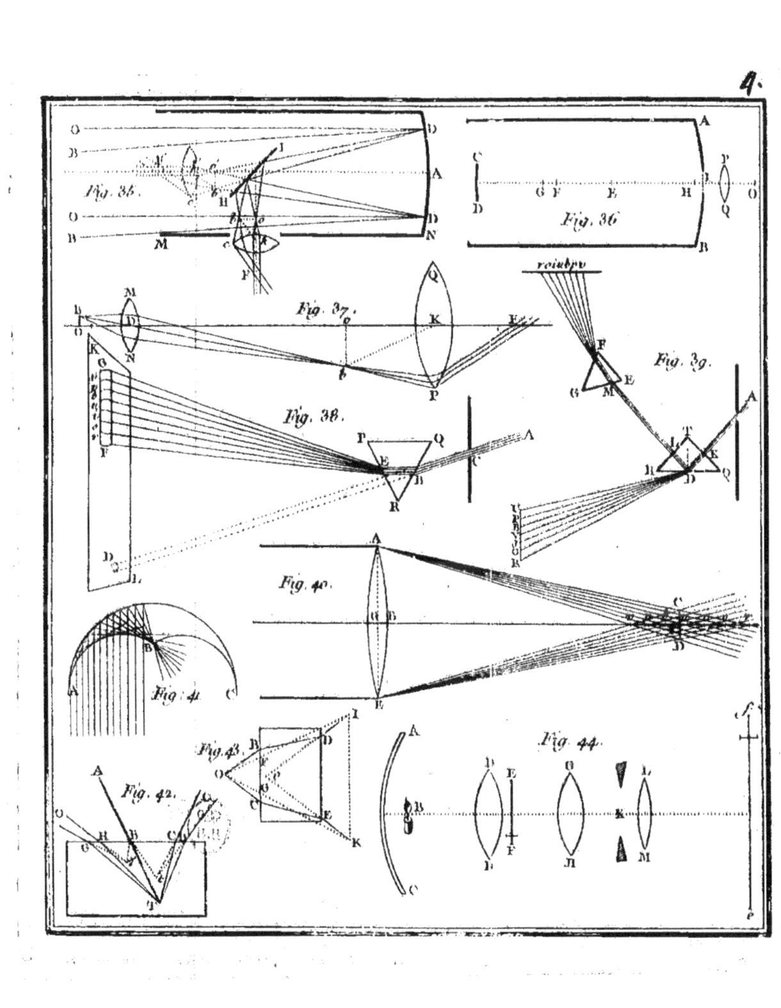
Fig. 35.
Fig. 36
Fig. 37.
Fig. 38.
Fig. 39.
Fig. 40.
Fig. 41
Fig. 42.
Fig. 43.
Fig. 44.

www.ingramcontent.com/pod-product-compliance
Ingram Content Group UK Ltd.
Pitfield, Milton Keynes, MK11 3LW, UK
UKHW020234220726
13923UKWH00002B/641